水力発電が日本を救う

今あるダムで年間2兆円超の電力を増やせる

元国土交通省河川局長
竹村公太郎

東洋経済新報社

序　一〇〇年後の日本のために

私はダム建設の専門家で、水力発電を心から愛する人間の一人だ。

未来の日本のエネルギーを支えていくのは水力発電、そう考えている。

このようなことを言っても、今さら水力発電かと思われる人が多い。確かに、現在の電力をめぐる実態を思えば、水力が時代遅れに見えるのはやむを得ない。

私は、国土交通省の河川局で主にダムを造ってきた。三つの巨大ダム建設に従事し、人生の大半をダムづくりに費やしてきた。

ダムは水を貯める装置で、水力発電と密接に関連している。水力発電のエンジニアや事業者とは随分と仕事上のお付き合いがあった。

その過程で、水力発電のことを学び、様々な経験も積んできた。厳密には発電の専門家ではないが、水力発電の基礎的なインフラのダムの専門家であるし、水力発電の専門家の一人だと思っている。

それで、国交省を退職して以来、あちこちの講演会で、水力発電を見直そうという話をしてきた。二〇一一年三月一一日の東日本大震災以前ではあるが、何度か、電力会社から有能な若い人が私のところへ来た。その人たちは、原子力がいかに有利か、水力が時代遅れなのか、こんこんと説いてくれたものだ。

だが、彼らは誤解している。

私には原子力を否定する気持ちも、火力を否定する気持ちもない。私には今日のエネルギー政策を云々するような資格はない。なにしろ、エネルギー全般に関して断定的なことを述べる素養を持ち合わせていない。

ただ、言いたいのは、五〇年後、一〇〇年後、そして二〇〇年後の日本にとって、水力発電は必ず必要になるということだけだ。

今は石油がある、原子力がある。そうしたエネルギーに頼るほうが価格の面でも、安定供給の面でも有利だろう。

だが、石油などは一〇〇年後、二〇〇年後に本当にあるだろうか。今と同じように安価で手に入るだろうか。現実の資源状況を見れば、私のような門外漢にも危ういことは分かる。

そんな時代になったら、必ず、水力発電が必要になる。

今、この時代に、私のようにダムを三つも造った人間はめったにいないだろう。日本の山奥で巨大ダムを次々に建設していたのは高度経済成長期、もう半世紀も前のことだ。

現在はもう、巨大ダムを建設する時代ではない。寂しいが、どんどんとダム建設の経験者は少なくなっている。私のように人生をダム建設に費《つい》やしてきた人間はあまり残っていない。

同様に、水力発電設備のエンジニアたちもいなくなりつつある。電力会社には、発電所を建設する土木技術者がもちろんいる。けれど、今の中心は、火力や原子力の発電所であり、水力発電の土木を知っている技術者はいなくなりつつある。

水力発電所の建設には、川の地形に合わせる発想力が必要だ。過去の実例には頼れない場合が多く、自分たちの力で、何もないところから新しく造っていくことを求められる。過去の技術者たちには、そうした構想力のある先輩がいた。私は、それら先輩の背中を見て、追ってきた。今の時代、そうした方々はいなくなりつつある。

今この時期に、そうしたダムを含めた水力発電の経験やノウハウを、未来に繋いで残しておかなければならないと考えている。

くり返しになるが、私が危惧するのは、現在のことではない。五〇年後、一〇〇年後、二〇〇年後の日本のエネルギーなのだ。

水力のプロの私は、純国産エネルギーである水力発電の価値を知っている。日本のダムは半永久的に使える。たとえ一〇〇年経っても、ダムは水を貯めている。ダム湖の水を電気に変換できる。

しかも、ちょっと手を加えるだけで、現在の水力の何倍もの潜在力を簡単に引き出せる。

この事実を、今、日本の人々に伝えることが、数少なくなった水力の専門家としての義務であると考えている。

竹村公太郎

目次

第2章 なぜ、日本をエネルギー資源大国と呼べるのか 43

第3章 なぜ、日本のダムは二〇〇兆円の遺産なのか 63

第4章　なぜ、地形を見ればエネルギーの将来が分かるのか　101

第5章 なぜ、水源地域が水力発電事業のオーナーになるべきなのか 131

第6章 どうすれば、水源地域主体の水力発電は成功できるのか 161

終章 未来のエネルギーと水力発電 181

第1章

なぜ、ダムを増やさずに水力発電を二倍にできるのか

現在のダム運用は、二一世紀以降の未来に適しているとは言えない。運用を変えるだけで簡単に発電能力がアップできることを説明する。

水力はもうこれ以上開発できない、コストが高いというイメージを覆す、目からうろこが落ちる事実を提示する。

巨大ダムを増やす時代ではない

水力発電の増強の必要を述べていくが、こんな誤解をする人もいるかもしれない。

「ダムを増やす話なのか」

それは違う。

水力発電と言えば、巨大なダムの人工湖に満々とたたえられた水を、豪快に落として行うというイメージである。水力発電を増やすと聞けば、ダムを増やすと思うのも当然かもしれない。

〈大川ダム〉

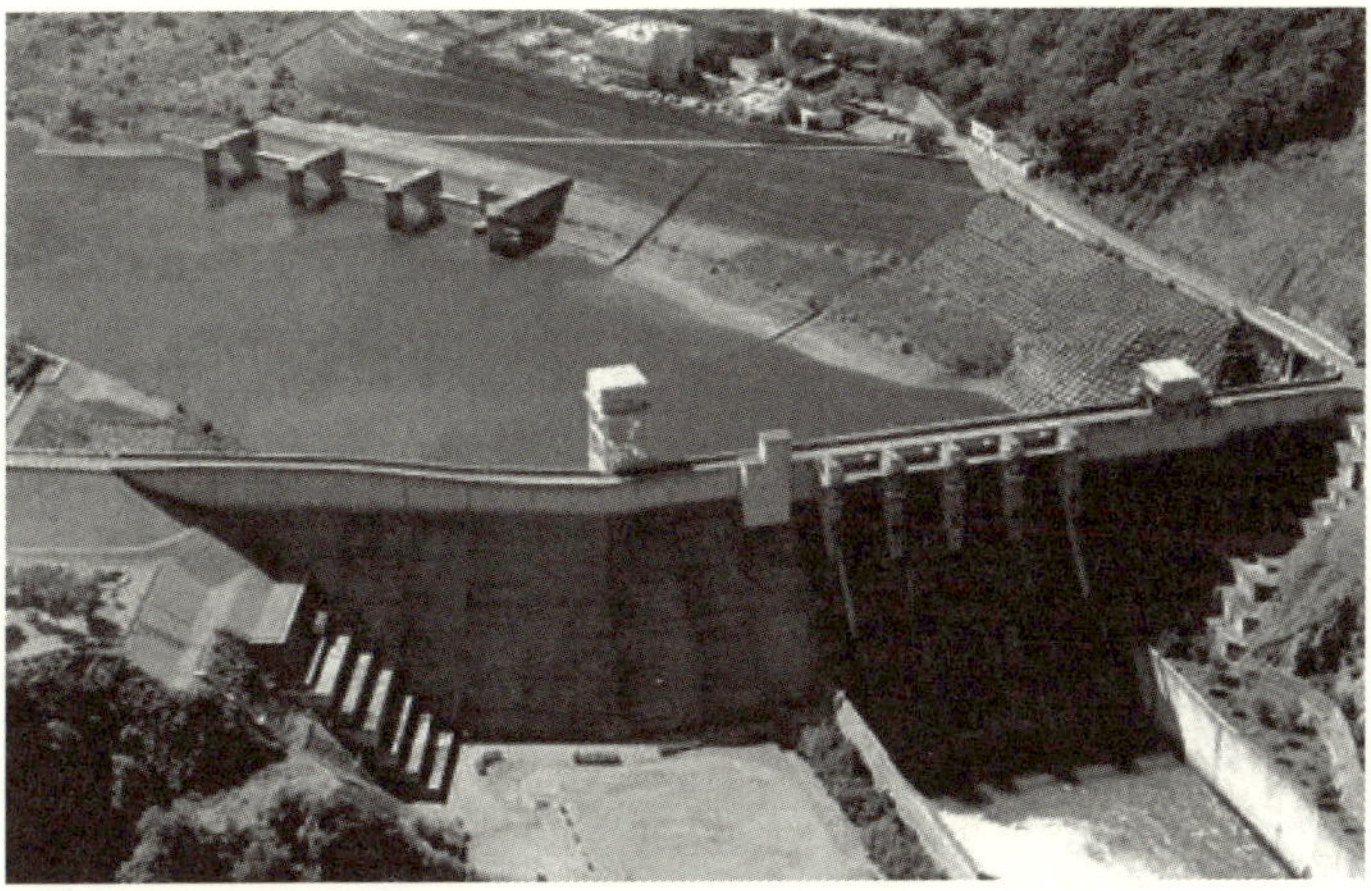

出典：国土交通省北陸地方整備局阿賀川河川事務所大川ダム管理支所ホームページ
http://www.hrr.mlit.go.jp/agagawa/agagawa/dam/

また、私の経歴から、このような疑いを持つかもしれない。

「竹村は、まだダムを造りたいんじゃないか？」

私は、今の国土交通省、旧建設省に入省してから、川治《かわじ》ダム、大川ダム、宮ヶ瀬ダムと、三つのダム建設の現場に立った。

そして開発課長、河川局長として、ずっとダム行政の中心に身を置き続けた。実際に三つもダムを作った経験のある人間はめったにいない。

そんな人間が、「水力発電を増やす」などと言えば、新規のダム建設をもくろんでいると思われても仕方がない。

だが、違う。

巨大ダムを増やすことなど考えていない。というより、もう造れないと言ったほうが正しい。もう日本では、各地方の流域に役立っていく中小規模のダムは必要となるが、巨大ダムは増やせない。

巨大ダムは、確かに水力エネルギーにしても治水にしても効果は大きい。しかし、その巨大ダム建設の犠牲も大きい。

近代以降、昭和の高度成長期にかけ、山村地域の三〇〇戸、四〇〇戸の家々を水没させて、巨大ダムを造ってきた。それが、近代の都市の発展のために必要だったとしても、山村に大きな犠牲を強いていた。一部の人々の犠牲の上に繁栄を築くという、近代化の過程で行ってきたこのやり方は、現代にあってはもはや時代に合わない。

「日本で巨大ダムはもう造れないし、造るべきでもない」

ほとんどの人が、こう思っているだろうが、私もそれを否定しない。

実は私は、日本でダムの新設をやめようとした張本人だった。かつて国交省の開発課長や河川局長だったとき、「もう緊急性がなく不必要なダムは造らない」と言いだした。

多分、ほかの人が「ダムをやめる」などと言えば、騒ぎになっていたと思う。だが、ダムをやめようとしているのが、ダムを愛している私だったから、先輩たちも「竹村が言うのでは仕方がない」と協力してくれた。

今の日本に、巨大なダムは造れないと、私は誰よりもよく知っている。

年間二兆円分の電力増

巨大ダムを造る時代は終わった。これは事実だ。

それでも、水力発電は増やせる。

「ダムが増えないのに、水力発電が増やせるわけがないだろう」

こう考える人が多いはずだ。

水力発電はダムが行っている。だから、ダムが増えないと水力発電は増えない。一般にはそう考えられる。

だが、日本のダムの本質と実態を理解していくと、そうでないことが分かっていく。

ダム技術の専門家として断言する。

ダムが増やせなくても、水力発電は増える。

信じてもらえないかもしれないが、事実なのだ。実は、ダムを増やすことなく、水力発電量を二倍、三倍に増やすことさえ可能なのだ。

純国産でまったく温室効果ガスを発生しない電力が、毎年、金額に直して二兆円から三兆円分も増加する。

そして、この豊かな電力量が半永久的に継続する。

まるで夢のように聞こえるかもしれないが、現実に可能な話だ。

その根拠を一言で答えれば、こうなる。

「日本のダムの力は十分に発揮されていない。その実力はまだ隠れている」

日本社会の近未来のエネルギー問題がここにかかっている。

日本全国にダムが十分にあっても、それが十分に活用されてはいない。膨大な潜在的なエネルギーが利用されることのないまま眠っている。

なぜ、ダムの力が眠っているのか。

それが分かれば、ダムの力を目覚めさせられる。つまり、水力発電が増える。

それにはまず、今の日本のダムが置かれている現実について、知っていただかねばならない。

一般の人にも分かりやすく表現するとこうなる。

今の日本のダム湖には、水が半分程度しか貯まっていない。

日本のダムは水を半分しか貯めていない

ダムと聞けば、ほとんどの方がダム湖を思い浮かべるだろう。コンクリートの巨大な壁の上端近くまで、水が豊かにたたえられていると想像される。

だが、現実は違う。多くのダム湖の水は半分くらいしか貯まっていない。

雨不足のせいではない。雨が比較的多い時期でも、ダム湖は満水近くまで水位が上がることはない。

実は、水は貯まらないのではなく、わざわざ貯めないようにしているのだ。雨量が多い時期には、ダムから放水して、ダムの空の容量を維持している。

現在の日本の多目的ダムでは、これが常識なのだ。

「おかしいぞ」

そうお思いになるに違いない。

ダム湖の水を多く貯めてあるほど、水力発電は有利になる。水量が多いほど発電量が増えるし、同じ水量の場合、水位が高いほど電力は大きくなる。水を多く貯めれば水位が高くなるのだから、その面でも発電に有利になる。

水力発電にとっては、ダム湖の水は多ければ多いほどいい。

それなのに、わざわざ水を貯めないのは理屈に合わない。みすみす、発電能力を下げているようなものだ。

見方を変えれば、こうも言える。もし、現在、空にしているダム容量に水を貯めていけば、もう一個、ダムを造ったのと同じ貯水量の増加となる。

つまり、もっとダムに貯水していけさえすれば、簡単に、ダムを新しく造るのと同じ効果が生まれる。

なのに、現実は、ダム湖の水を目一杯に貯めていない。

なぜ、こんなことをするのか。

それは、法律で決まっているからだ。

多目的ダムの矛盾

日本のダムづくりのベースとなるルールの一つに、「特定多目的ダム法」という法律がある。これには主に二つの目的が記されている。

それは、「利水」と「治水」である。

まず、利水というのは、水を利用することだ。家庭の水道水、工場で使用する工業用水、水田や畑で使う農業用水などのことで、水力発電に使うことも利水に含まれる。

次に、治水というのは、洪水を予防することだ。台風や集中豪雨などがあると、川に大量の水が短時間に流れ込み、川の堤防が決壊し洪水を引き起こす。そうならないように、川の上流部にダムを築き、水が短時間に流れないように、ダム湖に一時的に貯めこむのが治水である。

このように、ダムの目的には利水と治水という二つがあり、一つのダムで両方の目的を果たそうというのが多目的ダムだ。

ところが、二つの目的があるゆえに、多目的ダムの運用には奇妙なやり方が求められてしまう。

なぜなら、ダムにとって利水と治水は矛盾するからだ。

利水のためには、雨のときになるべく多くの水を貯めておきたい。そうすれば、雨の降らない渇水期に備えられるし、先に述べたように、多く水を貯めたほうが発電には有利だ。

他方、治水のためには、普段のダムに水はなるべく少なくしておきたい。わざわざダムのスペースを空けておくのは、大雨のときにはそこに水を貯めて、川の氾濫を防ぐという目的があるからだ。このダムの空きスペースを治水容量と呼んでいる。

このように、利水のためにはダムの水は多いほうが良く、治水のためにはダムの水は少ないほうがいいわけで、利水と治水は互いに矛盾しているわけだ。

ダム建設地点が限られているために、日本に多く造られている多目的ダムは、利水と治水の両方を目的として造られている。

矛盾した二つの目的があるため、両者の折衷案として、ある程度の水は貯めるものの、ある程度は空にしておくしかない。

だから簡単に言うと、ダムは、満水の半分くらいしか水を貯めていないことになっている。

ダムの目的の半分が治水なのだから、空にしておくのはやむを得ない。だが、利水の面から見れば非効率だ。

特に、発電にとっては、ダム湖をわざわざ空けておくなんて、電力を捨てるようなものだから、もったいないとしか言いようがない。

それでも、洪水を予防するのに、ダムを空けておくのは仕方がない。電力のために、川の下流域を洪水にさらすリスクは冒せないからだ。

しかし、実は、治水という意味からも、今のダムをもっと効率的に有効に運用することができる。

一般の人が分かりやすいように素直に表現すれば、今のダム運用は〝時代遅れ〟なのだ。

もっと水を貯めても危険はないのに……

大雨による洪水を防ぐために、普段からダムを空けておく。

これが現在のダムによる治水のやり方であるが、少し考えれば次のような疑問を抱くことになる。

「常に空ける必要はないだろう。普段はできるだけ水を貯めておいて、大雨が来るのが分かってから減らせばいいじゃないか」

確かにその通り。そう考えるのが普通だ。

例えば、台風に備えるとしよう。気象予報によって、一週間前には台風が来ることは分かる。台風進路の大きな予測のカサはほぼ誤ることはない。その予報を見て、ダムが台風の進路のカサに入ってからダムの水位を落とせばいい。

洪水の危険に備えてダムの水を減らすことを予備放流と呼ぶが、これはタイミングが重要だ。大雨によって河川の流量が増水中に予備放流などしてはいけない。さらに水かさを増して、洪水の危険を大きくしてしまうからだ。

日本の川は急流だし、海までの距離が短い。水源地のダムから予備放流された水は、ほとんどの場合、その日のうちに海に達する。海までの距離の長い利根川でも放流の翌日には銚子から太平洋に至るし、東京の多摩川などは朝に放流すれば夕方にはもう海へ行ってしまう。

現実的には、台風が最接近する三〜五日ほど前に予備放流すれば、十分に洪水に対処できる。三日前ならば川の流域に大雨は降っておらず、川はまだ増水していない。ダムの水を放流しても安全だ。

ちなみに、まだ川が増水していない晴天のときにダムの予備放流を行うと、河川敷で人が流される心配がある。だから、予備放流は危険だという意見がある。

だが、これは単に対策の不徹底が原因だ。下流への警報を十分に発することや、避難手段を講じておけば防げる。二一世紀の今、気象衛星もＧＰＳもある。ドローンを利用した警報システムも可能である。

たとえ、予備放流の危険防止の警報や避難のための予算が今の一〇〇倍になったところで、ダムの通常の水位を上げることによる電力増加のメリットに比べればケタが三つも四つも小さい。

警報を徹底するなどの対策をとれば、増水していない川の予備放流は安全に行える。

このように、台風が接近してからダムの予備放流をすれば、治水のためのダム容量を空けて、大雨を受け止めるダムの容量は確保できる。

アメリカのミシシッピ川や中国の黄河など大陸の大河は、水源から海まで何か月もかかって流れる。日本の川は、大陸の川に比べて急流というおかげで、台風の三〜五日前の放流でも安全なのだ。

結論をまとめると次のようになる。

洪水予防のためであっても、普段からダムを大きく空けておく必要はない。台風などの大雨が来る直前にダムを空ければ、十分に洪水は防げる。

つまり、大雨の心配のない時期は、ダム湖の水位を満水とまでは言わなくても、その中間ぐらいの水位に高くしておいても大丈夫なのだ。

これによって、大きな水のエネルギーを電力に換え続けることができる。

では、なぜ、そのようにダムを運用しないのか。

理由は、多目的ダム法に規定され制約を受けているからだ。この法律は昭和三二年（一九五七年）に制定されて以来、根本的には一度も改正されていない。つまり、五九年前の社会事情に合わせたルールとなっている。

一般の社会では信じ難い話かもしれないが、五〇年以上も前の社会状況下で作られた法律が、二一世紀の今のダム運用を規定しているのだ。

半世紀前の法律で運用される多目的ダム

「台風はいつどこに来るかわからない。もし台風が来たら暴風により送電線が切れるかもしれない。ラジオも聞こえなくなるかもしれない。ダムに至る道路も崖《がけ》崩れで使えなくなっているかもしれない」

今から半世紀も昔の日本では、この様なリスクを考えて、それに対応するダムの運用手法を設定していった。

台風が来て暴風雨になって、停電の中で洪水調節のゲート操作をしなければならないと想定していった。現場の人間は停電で真っ暗な中、情報もない、手助けする人間も来ない状況で、手探りでダムを操作することになる。そんな危険な状況でダムのゲートを安全に操作しなければならない。

しかし、台風が来ると停電になり、情報がまったくない状況になるなど、今の若い人は考えもしないだろう。

もし仮に停電したところで、ダムのような重要施設には緊急用の自家発電機が備えられている。さらに言えば、そもそも今のダムなら遠隔操作もできる。

台風のために、普段から貯水量の大きな容量を空けておかなければいけないのは、すべて昭和三〇年代の社会事情と技術水準に合わせて規定されているからだ。

つまり、天気予報の精度が今に比べて格段に低かった時代に合わせたルールを、半世紀経った今でもまだ守っている。

昭和三〇年代なら、治水のためのダムの容量を大きく空けておく必要があった。だが、二一世紀の現代の技術水準があれば、ダムに水を貯めて、水力発電を行ったり、河川の水量を豊かにして環境に寄与することができる。

この意味で、ダムの能力は十分に発揮させられていない。

五九年前に作られたダム運用が、現在では合理的ではなくなってしまった。この変化をもたらしたのは半世紀の間に起こった技術革新だ。

ことに、気象予報技術の進歩が大きい。

気象衛星や気象レーダーで天候についての情報を集め、スーパーコンピュータで計算して予測する。こうした科学技術が蓄積されたおかげで、高い精度で予報が出せるようになった。

科学技術の進歩により、多目的ダムの二つの目的である治水と利水の矛盾を、限りなく小さくすることが可能になった。
技術の進歩が、ダムを新しく変わらせてくれる時代になったのだ。
しかし、半世紀以上前の法律がそのままになっているため、せっかくの技術の進歩が活かされていない。

近代化では建設、ポスト近代化では運用

ほとんどの人は、馬鹿げた話だと思うだろう。行政は何をやっているのかと。気象予報が正確にできるようになったのも、国民の税金を使って気象衛星などを上げたからだ。その技術を有効に利用して時代に合ったダム運用をすべきだという、怒りに近い声が起こっても不思議ではない。

ここには、日本の行政システムの現実が露呈している。元役人だからよく分かるが、行政にとって、こうした運用の問題は非常に苦手な分野なのである。ダムを造る技術など、ハード面の進化はどんどん進めるが、ダムを効率的に運用するなどのソフトの問題はどうしても後回しになる。

理由は簡単だ。ハードには予算が付くが、ソフトにはあまり予算が付かないからだ。

私も昔そうだったが、残念ながら、役人は予算を確保したいと考える習性がある。運用の効率化が必要だと分かっていても、予算がさほど要らない分野に脳細胞を絞って知恵を生んでいこうという気持ちが湧きにくい。

実際、今、「特定多目的ダム法の改正をすべきだ」と、国土交通省の後輩たちに言ったとすると、彼らは口には出さないが内心で「先輩、勘弁してください。それより予算を確保して事業を進めるのが最優先です」と思っている。

確かに、河川法という〝憲法〟に基づいて一生懸命「治水」について考えている。そのために堤防やダムを造っている。限られた人数なので法律をすみやかに改正する余裕もないし、それは予算獲得に直結するわけでもない。

私には、そうした彼らの気持ちや事情は分かるが、一般の人々からすれば、納得はいかない。

気象衛星にもダムにも税金を使っている。ダムは国交省河川局、気象衛星は気象庁の管轄だが、河川局のダム運用に気象庁の技術成果を組み込んでいく、気象庁の頭脳をダム運用に直結させていく、そのようにしなければならない。

各行政の技術がバラバラで有効に活用されていなければ、税金が有効に使われていないと言われてもしかたがない。

残念だが、国民感情と行政の意識には、こんなところにギャップがある。

よく言われるように、日本の行政は縦割り組織であり、他のセクションの成果を活かすという意識は働きにくい。

明治から昭和の高度成長期のように、経済規模も人口も膨張している近代の頃には、モノづくりが最優先された。そんなインフラを次々と建設する時代には、縦割りの組織は非常に効率的に働いた。

だが、時代は変わり、インフラ整備の山場を越えて、そのインフラを時代に合わせて有効に運用していくことが大切な時代になると、縦割り行政はとたんに大きな障害となっていく。

一口に言ってしまえば、ハード優先の時代に有効に働いた縦割り行政は、ソフト優先のポスト近代に入った時代には通用しない、と認識しなくてはならない。

治水が担当の役人も、これからの日本の未来を見据えて、ダムの潜在的な能力を活かすことの重要性を考えなくてはならない。

「五〇年後、一〇〇年後、日本のダムのすべての水をエネルギーとして利用しなければならない時代が必ず来る。私たち先輩が造ってきたダムを、後生大事に神棚に上げて守ってくれるな。どんどん時代に応じて目的も運用も変えていってくれ」

私は、国交省の後輩の技術者や法律担当官たちに、そう強く言い残しておく責任がある。

河川法は二度変わった

ところで、現在のダムの潜在力を活かすカギを握っているのは、河川法という法律だ。河川法というのは、日本の川に対する国の姿勢を定めており、水力発電は川の水を利用するのだから、当然、河川法によって規制されている。

つまり、水力発電を活かすも殺すも河川法次第というわけだ。

しかし、残念ながら、今のところ、この法律は、水力の底力を引き出すのに役立っているとは言えない。

では、どこが問題なのか。注目すべきは第一条である。

どの法律でも第一条というのは、その法の根本的な目的が書かれている部分だ。

河川法でも同じである。

明治二九年（一八九六年）に河川法が初めて制定されたとき、河川法の目的は治水と舟運だった。つまり、川の氾濫を防ぐことが主目的であった。

昭和三九年（一九六四年）になると、ここに利水が加わる。第一条に「河川が適正に利用される」という言葉が入った。このときから、治水と利水を両立させる多目的ダムが河川行政の中で大きな位置を占めるようになった。

河川行政の主目的に利水が位置づけられ、利水が河川行政全体の業務となり、日本各地で利水を目的に含む多目的ダムが造られるようになった。

さらに、平成九年（一九九七年）には、第一条に「環境」という言葉が加えられた。治水、利水だけでなく、川の環境保全も河川行政の目的になった。

河川法の冒頭で表現された、国の河川管理の目的をまとめると、こうなる。

明治の河川法――主に治水
↓
昭和の河川法――治水と利水の二つ
↓
平成の河川法――治水と利水、環境保全の三つ

河川法は、第一条の目的が二度も改正されているのだ。

河川法は、国土保全の基本法である。霞が関広しといえども、各省の行政の基本法で第

一条の目的が二度も変わったというのはほかにないのではないか。法律の細部の条項が改正されることは珍しくないが、第一条の目的が変わるのは稀《まれ》なのだ。

というのも、第一条が変わると、法律の全体の性格が変わってしまうからだ。

河川法というのは国家の根幹にかかわる基本法だけに、目的を変えたのはただごとではない。

河川法が二度も第一条を変えたのは、日本社会の大きな変動に深く関わっていた。

第一条に「利水」を加えた昭和三九年（一九六四年）は、まさに高度経済成長の真っただ中だった。

この頃の日本社会は急速に都市化と工業化が進み、川の水もまた、それまでの農業や漁業よりも、水道や工業への需要が拡大しつつあった。そのため、国家として水利権の管理を行うことで、水利用者のトラブルや混乱を防止する必要があった。

また、「環境保全」を新たに加えた平成九年（一九九七年）は、日本のＧＤＰがピークに近づいた頃であり、自然環境の保全が国民にとって重要な課題として浮上していた。

この河川法の第一条の改正は、そうした日本社会の時代の要請から行われたものであった。

このように、日本社会の変化に順応する形で河川法は目的を二度、変えてきた。

そして今、河川法は、三回目の目的変更をすべき時期を迎えた。

なぜなら、日本社会はまた、今までにない大きな社会変化に直面しているからだ。

世界は、石油や天然ガスなど化石燃料を中心としたエネルギー源の制約が顕在化していく時代へと近づいている。化石燃料のほとんどを輸入に頼っている日本では、エネルギー問題が最大の困難な課題となっていく。

そんなとき、水力のエネルギーを無駄にすることは許されない。

国は、三度目の河川法第一条の目的の改正を行い、水力エネルギー開発を河川行政の目的そのものにすべきであると、私は考えている。

水は誰のもの？

「水力発電が必要な時代になれば、国が動かなくとも、民間企業が開発するだろう」

そう考える人もいるかもしれない。

確かに、資本主義の日本社会では、ビジネスの主役は民間企業である。

だが、火力、原子力そして風力や太陽光など他の電力開発とは違い、水力発電の場合、国が積極的にならないと前進しにくい事情がある。

火力や原子力発電の場合、石油や天然ガスなどを燃やす、あるいは核燃料を反応させることで発生したエネルギーを電力に換える。

石油などのエネルギー資源も発電設備も、それらを購入した企業のものである。企業が資金を出して買った資源と設備で電気を起こし、それを売っていくことに、文句を言う人間はいない。しごく正当なビジネスだからだ。

同じように、太陽光や風力による発電ならば、太陽光パネルや風車などの発電設備とそれを設置する土地が必要になる。エネルギー源である太陽光や風は、それらを受ける土地の所有者に権利がある。土地と発電設備を自前で用意して、電力ビジネスを行うのだから、これらについても文句を言う人はいない。

ところが、水力発電だけは事情が違う。

水力発電に必要なものは、川の水とダムや水路、そして発電所だ。エネルギー源は自然に流れている水である。

このうちダムや発電所は、民間企業が許可を得て造れば民間事業者のものだが、決定的に他と異なるところは「水」である。

肝心のエネルギー源である川の水は、特定の誰かの所有物ではない。

「水は一体誰のものか？」と、改めて聞かれれば、こう答えるしかない。

「皆のものである」

つまり水力発電は、国民皆の財産を使用して行う事業なのだ。

水が国民皆のものという言葉が抽象的なら、具体的に表現すると、水はそこに流れる水源地域の共有財産なのである。

だから、民間の電力会社が山間の水源地域に入ってきて巨大ダムを造り、多くの「水没者」（一三六ページ参照）を移転させたり、水路を造り山間部の水を枯らせたりする水力発電は、水源地域の住民にとっては自分たちの共有財産を失うことになり、決定的な不公平感を抱かせてしまう。

この不公平感を解消するために電力会社は、補償や地域整備という多大の努力を払って水力開発をしてきた。

近代化で社会が膨張していくときは、下流の都市の発展のために、日本の発展のために、水源地域の人々は犠牲になって耐えていった。

その結果、今、水源地域は、過疎化に悩み森林荒廃に苦しんでいる。

社会が膨張する近代化の中で、一部の人々が一身に犠牲を強いられてきた。もう、これからの社会では、そのような事態は許されない。

これからの水力発電は、国民の共有財産の水を使う限り、水源地域が犠牲になるのではなく、逆に水源地域のために行われなければならない。

だから、水力発電の開発は、社会的に公平な国自体が推進役にならないと進まないのだ。

国は待っているだけ

「河川のエネルギーは最大限、これを活用しなくてはならない」

例えば、河川法の第一条にこうした文言を加えれば、国家として、河川のエネルギー利用に積極的に関与することを宣言することになる。

こうした改正が今求められている。

現在の日本でダムの発電能力が十分活かされていない原因の一つが、国や県の河川管理者の消極的な姿勢にあるからだ。

前の項で、多目的ダムの運用が古いという問題をご紹介したが、水力発電が開発されない根本的な原因は、河川管理者である国と県の行政にある。

現在、国と県の河川管理者は、自らが水力発電を開発する立場にはない。誰かが水力を開発したいと申し出るのをただ待っていて、許可を与える、または不許可にする行政行為を行うだけだ。

例えば、民間企業や地元の水源地域の人々が、国や県の持っているダムや砂防ダムを利用する発電を計画したとしても、国と県の河川管理者はただ許認可の審査をするだけである。

許認可だけなら無理して許可する必要はない。断る理由は山ほど考えられる。自らが電力開発を推進する立場にないとこうなってしまう。

これは、現在の河川法第一条の目的に「エネルギー活用」がないからだ。

昭和三九年（一九六四年）に河川法第一条が改正され、「利水」を加えたことで、河川行政は高度成長期の要請に見事に応えた。

それまで、農業や漁業について慣習的に認められていた権利に加えて、飲料水や工業用水を確保することができたからである。

明治以降「治水」のみに向かっていた河川行政が「利水」に関与し、日本社会の要望に応えたのだ。

そして今、求められているのは、日本の未来のエネルギーの課題である。

世界的に、石油、石炭、天然ガスなど化石エネルギー資源の制約が近づいている。温室効果ガスの問題も待ったなしになっている。

さらに、原子力発電は重大な岐路に立たされていて、積極的に拡大することが難しい。

石油などの化石エネルギー資源がないに等しい日本は、今までのようにエネルギーを容易に輸入していける状況ではなくなっていく。

完全に純粋な国産エネルギーである水力発電を無駄にすることなど、エネルギー枯渇の時代に許されるはずがない。

だから、河川管理者の国は、積極的に水力発電開発に動かねばならないのだ。

かつて、平成九年（一九九七年）に河川法第一条の目的に「環境」という言葉を加えたとき、川の環境保全に関して河川行政の状況が一変した経験がある。

それまで、私たち国交省の役人は、川の環境保全とは、市民団体などの善意の人々のやることだと思い込んでいた。

ところが、河川法第一条の目的に「環境」が加わった瞬間、行政官全体の意識が変わり、全国津々浦々の河川行政組織が川の環境保全へと積極的に動き出したのを覚えている。

もし、河川法の第一条に、「川のエネルギー開発」を加えれば、あのときと同じように、水力発電に対する河川行政の姿勢は大きく変わるはずだ。

国が積極的な姿勢へと転換すれば、ダムに眠っている潜在的な巨大電力を現実社会に活かすことができるのだ。

第2章

なぜ、日本をエネルギー資源大国と呼べるのか

ダムと水力発電の原理を説明する。山ばかりの土地で雨が多い国土条件に、ダムという近代の装置が加わったとき、日本という国には、豊かなエネルギーを得る可能性が生まれた。

山、雨、ダムという三つが揃《そろ》っている日本は、膨大なエネルギー資源、それも無限でただの太陽エネルギーを持っていることを知ってもらいたい。

日本のダムは「油田」

私は、長年ダムに関わってきた。だからだろう、いつも、ダムを見るたびに思う。もったいない、と。

ダム屋の私の眼からは、ダムに貯められた雨水は石油に等しい。ダム湖は国産の油田のように見える。

しかも、このエネルギー資源は、ダム湖に雨が貯まれば貯まるほど増え、まるで魔法のように涸《か》れることがない。

この感覚は、ダム関係者以外の方にはちょっと理解しがたいかもしれない。だが、たとえ話や詭弁《きべん》ではない。もちろん魔法やオカルトでもない。れっきとした科学的事実だ。

ただし、雨ならば何でも石油と同じというわけではない。高い山、大量の雨、そして川をせき止めるダム。この三つが揃ったときにだけ、水は石油になる。

なかなか、三つの条件は揃わない。ところが、現在の日本には三つが揃っている。この日本列島に暮らす私たちは幸運なのだ。

それなのに、ダムに水を貯めない現実がある。

もっともっと貯めればいいのに……。日本はエネルギーを求めている。それなのに、このダムに、なぜ、もっと水を貯めないのだ。石油にも等しいエネルギー源となるダム湖の水を、満々とたたえないのか……。

それで、私は「もったいない」と言ってしまうのだ。

グラハム・ベルは日本のエネルギー資源に気づいていた

日本の山に降る雨がダム湖に貯まり、莫大なエネルギー資源となる。

このように述べてきたが、なかなか理解できない方が多い。二一世紀の近代的都会に生きている日本人にとって、ただの水がエネルギーだというのは感覚的にわかりにくいかもしれない。

しかし、ここには難しい学術的論理があるわけではない。新しい科学的発見というわけでもない。

今から一世紀以上前の明治三一年（一八九八年）、来日したアメリカのグラハム・ベルはこう言っていた。

「日本は豊かなエネルギーを保有している」

ベルと言えば、電話の発明で知られる科学者だが、実は、地質学者でもあった。来日した頃はアメリカの地質学会の会長であり、一流の科学雑誌である『ナショナルジオグラフィック』の編集責任者だった。

この雑誌は現在でも、地質学・地理学および環境分野の第一級専門誌である。当時、彼

〈アレキサンダー・グラハム・ベル〉

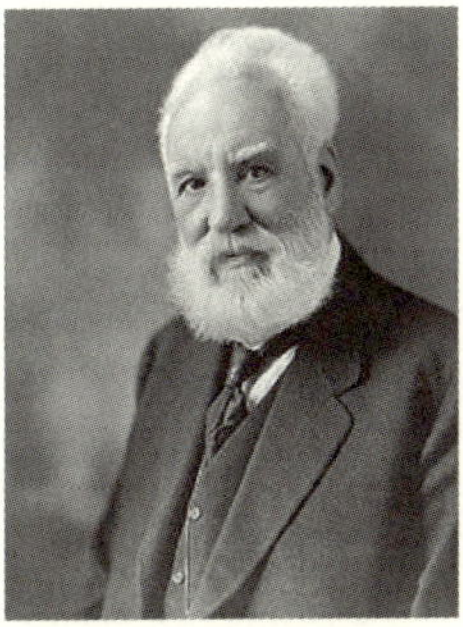

は地理学に関して世界的にも有数な権威だった。

その、『ナショナル　ジオグラフィック』の編集責任者だったベルは、地質学の知見から、日本には石炭や石油などの埋蔵化石燃料資源が膨大にあるとは思っていなかったであろう。

それなのに、なぜ、「エネルギーが豊富だ」と言ったのか。

それは、彼が日本を実際に訪れ、風土をじかに見たからだ。

日本にやってきたベルは、山の多い国土と雨の多い気候であることを確認した。

そこでこう結論したのである。

「日本は雨が多い。この雨が豊富なエネルギーをもたらす」と。

アジアモンスーンの北限

『ナショナル ジオグラフィック』から、帝国ホテルでスピーチしたグラハム・ベルの発言を引用する。

「日本を訪れて気がついたのは、川が多く、水資源に恵まれていることだ。この豊富な水資源を利用して、電気をエネルギー源とした経済発展が可能だろう。電気で自動車を動かす、蒸気機関を電気で置き換え、生産活動を電気で行うことも可能かもしれない。日本は恵まれた環境を利用して、将来さらに大きな成長を遂げる可能性がある」

つまりベルは、日本が水力発電に適していることを見抜いたのだ。

地理学の専門家だった彼が注目したのは、まず、気候だった。

日本は地球の気候帯から見ると、アジアモンスーン地帯の北限に位置する。

モンスーンとは季節風のことだが、アジアの季節風帯は非常に長く伸びており、はるかインド洋から続いている。この帯状の地域には、低気圧が非常に発生しやすく、雨が多いという特徴があり、その北端に当たる日本もまた、多雨地域であることをベルは知っていた。

さらに、日本の周囲が海であることも、多雨をもたらす。海に囲まれているということは、どの方向から風が吹いても、大きな雨が降るからだ。

夏には、太平洋側から台風や低気圧がやって来て、海からの雲を伴い、大きな雨を降らせる。

また、冬にはシベリアから北風が来るが、この北風は日本海を通り、日本海の大量の水蒸気を含んでいく。冬の日本海の水温は、シベリアからの冷たい北風の気温よりも高い。ちょうど湯をはったバスタブから湯気が立つようにして、日本海は北風に水蒸気を含ませるのである。

そして、日本の山に風がぶつかったときに雨や雪となる。冬に日本海側に降る雪は、春の雪融けまで山に留まってくれている。山に積もる雪そのものが、水の貯蔵庫となっているのだ。

アジアモンスーンの北限にあり、さらに、海に囲まれている。

この二つの条件のおかげで、日本列島は非常に雨に恵まれている。

ほとんど同じ緯度にあっても、大陸の国々では、日本のように降水量は多くない。

日本列島は、特別に幸運な列島だと私が断言するゆえんである。

ベルは地理学の専門家だったから、日本列島の有利性を一瞬にして見抜き、あの帝国ホテルでのスピーチになったのだ。

雨のエネルギーは太陽から与えられる

日本には雨が多いからエネルギーが豊富と、ベルは言った。

では、なぜ雨がエネルギー資源となるのか。

このことを説明するには、まず、雨の持つエネルギーがどういったものなのかを説明する必要がある。

前の項で述べたように、元々は海にあった水が太陽によって温められて蒸発し、風に乗って陸地に運ばれ、山にぶつかって降ってくる。それが雨だ。

雨は、太陽エネルギーなのである。

別に「太陽エネルギー」という物質が雨に溶けているということではない。雨の存在そのものがエネルギーなのだ。

物を高く持ち上げるにはエネルギーが必要となる。逆に、高い位置にあるほど、物には下に向かって落ちていく大きなエネルギーがある。

これは位置エネルギーと呼ばれている。

海という低い位置にあった水が温められて、空の高い場所に運ばれて雨になる。海にあった水を高い空まで持ち上げてくれたのは太陽だ。

つまり、高い位置にある雨は、落下していくという大きなエネルギーを持つ。それは元をたどれば、太陽のエネルギーなのだ。

薄いエネルギー

火力、水力、太陽光、風力など、現代社会では様々なエネルギー源を利用しているが、どれも元をたどれば、太陽のエネルギーを元にしている点では共通している。

だが、エネルギーの種類によって、人間にとっての使い勝手の良し悪しが決定的に異っている。

雨のエネルギーはあまり使い勝手はよくない。雨のエネルギーには、太陽光や風力など、ほかの再生可能エネルギーと共通した弱点がある。

それは、エネルギーが薄いことである。

石油や石炭、天然ガスなどの化石燃料は、少量を燃やすだけで大きなエネルギーが得られる。人間にとって大変に使い勝手がよい。

また、資源のある場所の地面を掘るだけで簡単に手に入れられるし、遠方に運ぶのにも便利だ。

化石燃料がこんなに使いやすい理由は、エネルギーの密度が高いからである。小さな体積に大きなエネルギーが蓄えられている。

つまり、化石燃料はエネルギー密度が濃いので使いやすい。

薪《まき》やバイオマスの場合、化石燃料に比べると少し使い勝手が落ちる。化石燃料と同じ大きさのエネルギーを得ようとすると、より大きな量を集めなければならなくなる。それでも、植物にはかなり高い密度でエネルギーが蓄えられているので、使い勝手はまあまあだと言える。

だが、太陽光や風力になると、使い勝手がぐんと下がる。例えば、太陽光発電によって石油や石炭と同じだけの電力を得ようとすれば、目もくらむような広大な面積に太陽光発電パネルを敷き詰めなければならなくなる。

太陽のエネルギーの絶対量は非常に大きいが、単位面積当たりのエネルギーが小さい。つまり、薄いエネルギーなのだ。太陽のエネルギーに由来する、光や風というエネルギー源は、圧倒的に単位面積当たりのエネルギーの密度が低く、薄いのである。

雨のエネルギーにも、同じ弱点がある。雨の単位面積当たりのエネルギーの密度は低く、いくら大雨といっても平面に降る雨のエネルギーは非常に小さい。

一つ一つの雨粒のエネルギーは小さく、それは人間に役立つものではない。役立つ形にするためには、雨の粒を莫大な数だけ集める必要がある。

つまり、エネルギーを集中して濃くする工夫がないと、雨はエネルギーとして使いものにならない。

効率よくエネルギーを集めるためには、より高い位置で、より多くの雨を集めるほど有利になる。

だが、そんな装置を人間の手で造ろうとすれば大変な手間と知恵が必要になるし、装置を用意するのにエネルギーも必要となってくる。

ところが、日本の場合、これを地形が解決してくれるのだ。

山は雨のエネルギーを集める装置

密度の低いエネルギーを利用するには、それを集中させる工夫が必要である。

太陽光発電の場合なら、太陽光パネルをどれだけ広く設置できるかが重要だし、風力発電なら、より風の強いポイントにより多くの風車を設置せねばならない。

ところが、日本列島に降る雨は、幸いなことに、ある自然条件がエネルギーの集中を手助けしてくれる。

その自然条件とは、山という地形である。

例えば、東京二三区にいくら大量の雨が降ったところで、海抜が低すぎてエネルギーにならない。平らな土地を水びたしにするのがおちである。ところが、高い地形の山々に降った雨は自然と沢から谷へと集まっていく。

関東の場合なら、神奈川県の丹沢山地や東京都の奥多摩に降る雨は谷に集まり、相模川や多摩川の水となって流れ落ちる。水源地域の谷には、大量の雨が自然に集められていく。しかも、水源地域は海抜が高い。谷に集まった水の位置エネルギーは非常に大きい。

このように、日本の山地地形は、アジアモンスーンによる大量の雨を、エネルギーの大きい位置で効率よく集めてくれる装置となっている。

明治期に来日したベルが「日本はエネルギーが豊かだ」と言ったとき、彼が多雨と共に注目していたのは、日本の山だった。

日本列島を平均すると六八%が山地である。つまり、約七割が山なのだが、この地形が、雨をエネルギーに換える、自然が日本に与えてくれたインフラなのだ。

多雨と山岳地帯。

この日本の気象と地形という地理条件を確かめたからこそ、グラハム・ベルは断言したのだ。

「日本には豊富なエネルギーがある」と。

ダムは太陽エネルギーを貯蔵する装置

多雨と山岳地帯。

この二つは自然が与えてくれた恵みである。

だが、このままでは雨のエネルギーは効率よく電力に換わらない。

位置エネルギーを電力に換えるときには、川の高低差が大きいほど効率がいいし、水の量が多いほど効率が良くなる。

ところが、自然のままの川には、高低差があり、水の量が多いという二つの条件を、同時に満たすエリアがないのだ。

山に降る雨は、山間の谷へと流れ込む。その一つ一つは細い渓流に過ぎず、それらが集まって次第に大きな川になり、山岳地帯から平野部へと流れ落ちていく。

山岳地帯を流れているときには、流域の高低差が大きいが、流れる水の量が少ない。

もし、山岳部の川の位置エネルギーをまんべんなく電力に換えようとすれば、多数ある渓流の全てに、いくつも小さな発電施設を設ける必要がある。

逆に、平野部を流れるときは、川の水量は多いが、高低差は小さい。落差が大きい渓流部を流れ下った後では、ほとんどの位置エネルギーは失われている。川の下流部では、肝心のエネルギーが減っており、発電力は落ちてしまう。

つまり、自然に流れている川では、水の位置エネルギーと水の量を効率よく電力に換えることができない。

もう一つ、川の水には問題がある。川の水は年間を通して同じ水量で流れてくれない。雨が降るときと日照りが続くときとでは、川の水量はまったく異なる。自然の川の水の流れは、時系列で見ると大きくなったり小さくなったり変化が大きくて安定した秩序がない。そして、安定していないということはエントロピーが大きく使い勝手が悪いのだ。

ところが、山岳地帯にダムがあると、状況が一変する。

ダムにせき止められて、いくつもの渓流を流れてきた水が一か所に集まる。大量の水がダムにより、水の位置エネルギーを保存したままで貯められることとなる。

さらに時間的変化が大きく秩序のない水の流れは、ダムに貯まった瞬間におとなしくなり静かに秩序をもって貯まっていく。

つまり、ダムさえあれば、大きな位置エネルギーと、大量の水と、エントロピーの小さい使い勝手のよさを得ることができるのだ。

日本の近代産業の遺産

ダムがあってこそ、日本はエネルギー資源大国となれる。

雨が多くて山が多いという地理的な条件だけならば、日本だけが該当するわけではない。

例えば、インドネシアには山が多いし熱帯性の雨も非常に多い。また、温帯でもカナダには、山岳地帯で豊富な雨の降る地域がある。

基本的には、これらの国でも水力発電は有効と言える。

ただし、雨の多い山岳地帯という自然の条件だけでは、水力発電を効率よく行えるわけではない。そこにダムという人工の構造物を造る努力をしなければならない。

山、雨、そしてダム。

日本はこの三つの条件を満たしている。特に日本は、多くの既存のダムを保有している。

そのことを二一世紀の私たち日本人は意識していくことが大切である。

なぜなら、既存のダムは、非常に大きな対価を払って獲得したものであり、しかも、二一世紀以降の時代にはなかなか手に入らないものだからだ。

ダムとはすぐれて近代的な構造物である。特に巨大ダムは近代文明のシンボルとも言える。その理由は「巨大ダムは巨大な破壊を伴う」からだ。

川の水源部にダムを造ると、谷には膨大な水が貯まる。それまで渓谷だった場所が湖になり、すべてが水没する。森が水没し生態系が変わってしまう。そこに住んでいた人々の生活も沈む。村の長い歴史が家屋もろとも水の底に沈み、住んでいた人々の大切な思い出も消えてしまう。

こうした巨大な破壊と引き換えに、洪水を防ぎ、飲み水を供給し、近代化のエンジンであった電気エネルギーを得るという仕組みがダムである。

かつての急激な近代化の過程では、巨大ダム開発がいかに多くの人々に犠牲を強いるものかを現在ほど強く認識していなかった。夢中で近代化を走り抜けてきた日本は、こうした言わばハイリスク・ハイリターンの開発が可能だった。

しかし現代では、多くの人々の犠牲を前提にした巨大ダム、自然環境に大きなインパクトを与える巨大ダムを造ることは難しい。技術的に困難というより、社会的な合意形成を得ることはできない。

だからこそ、全国いたるところに、過去に建設されたダムを持っている日本は、水力エネルギーという観点から、恵まれた国なのである。

だが、この財産は決して、ただの幸運ではない。

私たちの先人が、大きな犠牲を払ってくれていたからこそ、こうした巨大なエネルギー資産がある。

だからこそ、この遺産を無駄にすることは許されない。有効に使っていかなければ、過去に犠牲を強いた人々や自然環境に対して申し訳が立たない。

私にはそう思われてならない。

日本全国がダムの恩恵を受けられる

日本列島はとても狭い。しかも、その七割が山地で、日本列島の真ん中には脊梁山脈がずっと走っている。平野部はわずか三割に過ぎず、かつてそこは洪水の恐れのある湿地帯だった。

日本人は洪水と戦いながら、住宅地、農地や工業用地などの土地を確保するのにも大変に苦労してきた。

だが、視点を水力エネルギーという面に移して、同じ日本列島を眺めてみると、まったく違う風景が見えてくる。

日本列島を縦断している脊梁山脈は、その両脇に当たる日本海側にも太平洋側にもほぼ平等に川を流す結果となっている。

そして、その川の河口部には狭い沖積平野があり、ほぼすべてに都市が形成されている。

大昔、日本人は、河川下流部の沖積平野で稲作を開始した。沖積平野の土壌は稲作に適していた。稲作は、水田にはるための大量の水が必要であった。

川から水を引き込むには大きな労働力が必要だったので、人々はここに集まり、米の増産を実現し大きな人口を養うことができた。

そうして、稲作のための集落が時を経て、各地方の都市となっていった。

一五〇年前、日本は開国して、明治の近代化が開始された。富国強兵のための産業は、海に近い沖積平野で展開されて、工業都市が形成されていった。

日本列島は、真ん中に山脈が走っているおかげで、ほぼ全土にわたって均等に川があり、川の水があり、全国の流域の下流部で都市が誕生していくことができた。

そして、その川には、近代から高度成長期を中心に多くのダムが建設されてきた。その結果、全国的にほぼまんべんなくダムが存在している。

つまり、日本全国のすべての都市には川が流れており、しかも、上流にダムを備えていることになるのだ。

言い換えれば、このダムのすべてを水力発電に活かすことで、水力の恩恵を、全国各地が公平にまんべんなく受けることが可能となっていく。

日本列島は水のエネルギー列島である、と言い切れる理由がここにある。

水力の国に生まれた幸福

日本列島は水のエネルギー列島と言いながら、その制約もある。

全国に多数ある水力発電のほとんどは、それほど巨大なものではなく規模が中小である。

もちろんこの中小水力発電では、東京や大阪など巨大都市の電力需要を賄《まかな》えない。大都市を維持していくためには、どうしても発電出力の大きい発電所が必要となる。

つまり、東京や大阪、名古屋などの大都市圏は、水力発電だけでは無理がある。かつてのように再び、黒部ダム級の巨大ダムを建設して大都市圏に電力を送るという手法は、二一世紀の現在にはふさわしくない。

大都市は火力発電などほかの電力供給に支えられていくこととなる。

しかし、全国各地の中小都市に向けた電力としては、水力発電はうってつけだ。

大都市圏と比べて電力需要がそれほど大きくないので、その都市を流れる川のダムからの電力でかなりの部分が賄えてしまう。

また、地元の川で生まれる電力なので、送電距離が短くなり送電のロスが少ない。

これからの時代、地方の都市は、川の水力による電力を中心として、風力や太陽光、地熱など、その都市に合った再生可能型の電力を活かす道を模索することになるだろう。

世界的に人類文明のエネルギーは、再生可能エネルギーへとシフトしてゆく。

全国に山があり川があり、そしてダムがあるゆえに、無限に、ただの、国産エネルギーの水力電力を確保できる幸福を、五〇年後、一〇〇年後の日本人たちは、必ず、感じることとなる。

第3章

なぜ、日本のダムは二〇〇兆円の遺産なのか

知られざるダムの真価を説明する。ピラミッドをもしのぐ圧倒的に強固な構造について解説していく。

さらに、既存のダムに少し手を加えるだけで能力が倍になる嵩上《かさあ》げの仕組みについて紹介する。

ダムは半永久的に壊れない

ダムは壊れない。

あの東日本大震災のとき、東北の広い地域で震度七や六強という激しい地震のため、農業用の貯水池は破損したが、本体が壊れたダムは皆無だった。

また、関西の神戸には、布引五本松ダムという古いダムがある。造られたのが西暦一九〇〇年ちょうどだから、一九九五年の阪神・淡路大震災のときには一〇〇年近く経っていたが、ダム構造物本体の安全性に関してはビクともしなかった。

約一〇〇年経った古いダムが、巨大地震にさらされても、まったく大丈夫だったわけだが、これは偶然でも例外でもない。

日本は地震国であり、明治以降にも頻繁に大きな震災が起こっているにもかかわらず、全国の何千というダムには、ダム本体が壊れた例はない。

私のようなダム技術者にとって、地震でもビクともしないダムの堅固さは当たり前なのだが、なかなか一般には理解されにくい。

ダムの真価を知ってもらうには、大前提としてこのダムの安全性を理解していく必要がある。

なぜなら、ダムが壊れないということは、半永久的に使用できる、つまり半永久的に電力を生み続けられるということを意味するからだ。

ダムは半永久的に純国産でタダのエネルギーを与えてくれる。そのように、とてつもない装置だということを知ってもらいたい。

ダムが壊れないという事実を知るためには、日本のダムとはどのようにできているのかの理解が必要となる。

ダムが壊れない理由① コンクリートに鉄筋がない

ダムが壊れないと言ってもなかなか信じてもらえない。その理由は、ダムを、都会の中に建設されたビルなどと同様に考えてしまうからである。

「超高層ビルや高速道路の高架、橋梁などは、いかに強固に見えても、時間を経れば劣化して朽ちていく。

形あるものは必ず壊れる。そのことは、阪神・淡路大震災や東日本大震災などで証明されたではないか。

コンクリートのダムだって同じだ。いつかきっと、壊れる日が来るに違いない」

一般の多くの人たちが、このように思っている。

確かに、近年の巨大地震では、普段壊れるとは思ってもいなかった構造物が脆《もろ》くも破壊されるショッキングな映像を目にした。だから、どんな構造物も必ず壊れると考えるのは、当然かもしれない。

だが、ダムは事情が異なる。ダムと都会にあるビルなどの構造物とは同じではない。

それには、三つの理由がある。

一つ目の理由は、ダムと都会の構造物とでは、コンクリートに根本的な違いがあることだ。

確かに、ダムもビルも基本的にコンクリートでできている。東北や神戸を襲った震災では、ビルがいくつも倒壊したし、神戸では、同じくコンクリートでできている高速道路の高架なども破壊されて横倒しになった。

そうした光景を目にしているから、「コンクリートはいつか壊れる」というイメージがある。

しかし、ダムのコンクリートもいずれは壊れると考えるのは正しくない。

ビルなどのコンクリートと、ダムのコンクリートには、大きな違いがあるからだ。

その一つは、ダムのコンクリートには鉄筋がないことだ。

ビルの建築現場では、コンクリートの壁や柱の中を鉄の棒が通っている。あれが鉄筋だ。薄い壁の構造物を強くするには、力を受け持つ鉄筋が必要である。ビルの薄い壁の強度を高めるため、細かく大量に鉄筋が配置されていく。

だから、鉄筋があったほうが丈夫だと思うかもしれない。

しかし、必ずしもそうは言えない。むしろ、ビルなどのコンクリートが長持ちしない原因こそ、鉄筋なのだ。

なぜなら、鉄は錆《さ》びるからだ。薄い構造物のコンクリートに小さなひび割れでもあれば中に水が浸入していき、鉄筋が錆びてしまう。

つまり、二〇年、五〇年と時間が経つと、ビルのコンクリートは、細かく大量に配置された鉄筋の錆びのせいで劣化して弱くなってしまう。そのため、鉄筋を使用するビルは、細心の注意で施工されていく。

ところが、ダムのコンクリートには、そもそも、力を受け持つ鉄筋がない。セメントと砂と石だけでできている。だから、ダムはどれだけ年月が経とうが、内部が錆びて脆くなることはない。

それは重力式コンクリートダムだけではない。アーチ式コンクリートダム本体の基本構造も、セメントと砂と石によるコンクリートで造られている。

細い大量の鉄筋がないダムのコンクリートは、何百年経とうが劣化して弱くなることがなく、丈夫さを保ち続ける。

実は、ダムのコンクリートは、天然の岩と同じなのだ。

コンクリートに使われるセメントは、要するに石灰岩だ。石灰岩と砂と石とが固まっているのがコンクリートであり、成分は、凝灰岩《ぎょうかいがん》という天然の岩と同じである。

つまり、ダムのコンクリートは、天然の岩盤とほぼ同じなのだ。

凝灰岩は、一〇〇年、二〇〇年と年代を経るにつれて堅く強固になっていく。

同じようにダムのコンクリートは、一〇〇年、二〇〇年、三〇〇年と強固になり続けていく。

ダムのコンクリートは、天然の凝灰岩と同じなのである。

このことが、コンクリートダムが壊れない理由の一つである。

ダムが壊れない理由②　基礎が岩盤と一体化している

二つ目の、ダムが壊れない理由は、基礎部分にある。

近年、マンションの杭《くい》が、岩盤に達していないと発覚して社会問題となった。

あの問題で関心が高まったおかげで、構造物を立てるときには、普通の土の地面ではなく、岩盤などの強固な層に基礎を打ち込まないと地震の揺れに弱くなることを、多くの人々が知った。

例えば、マンションでは、軟らかい地層の下の固い基盤にまで、決まった数だけ杭を打ちこんで、その杭の上に建物を建てなければならない。

ところが、ダムの場合はもっと徹底している。

例えば、渓谷にダムを建設するときには、渓流の表面に存在する岩をすべて除去しなければならない。なぜなら、表面の岩は水などによって風化していて脆いからだ。

脆い表面の岩を取り除く膨大な掘削《くっさく》工事を続け、新鮮で頑丈な岩盤を表に出す。そして、その岩盤の上に直接コンクリートを打ちこんで、ダムをその上に造っていく。

つまり、ダムの基礎は、杭などで支えるどころか、岩盤と一体化させてしまうのだ。

地盤の弱いところにある建造物は、地震に弱い。ブルブルとふるえる豆腐の上に乗っているようなものだからだ。

だが、固い岩盤の上にあると、揺れは非常に小さい。

事実、阪神・淡路大震災のとき布引五本松ダムの震度計では、周辺地域の揺れは非常に大きかったにもかかわらず、揺れは小さかった。

ダムは、硬い岩盤に直結して建設されている。

このことも、ダムが壊れない理由の一つなのだ。

ダムが壊れない理由③　壁の厚さは一〇〇m

ダムの強固さについての三つ目の理由は、コンクリートの厚みが、ビルとはけた違いだということだ。

ビルの場合、壁や柱のコンクリートは、どんなに厚みがあるとしても、せいぜい二mか三mだろう。

これに対して、コンクリートダムの場合、コンクリートの厚みは数十mから二〇〇m以上にも達する。

つまり、ダムはビルより、およそ一〇〇倍も厚い壁でできている。

ダムの壁の断面を見ると、高さと底辺がほぼ同じ長さの三角形になっている（八七ページ図参照）。ダムの下部では、コンクリートの厚みはダムの高さと大体同じだ。

例えば、高さが一〇〇mのダムがあったとしよう。すると、このダムのコンクリートの厚みは、一番厚い最下部では、一〇〇mにも達する。

一〇〇～二〇〇mのコンクリートの塊というのは、人間の作ったものとしては最大級の大きさであり、あのピラミッドにも匹敵する。人工物というより天然の山と言ったほうがいい規模だ。

巨大な山のような構造物がダムであるから、地震で壊れないのは当然として、人間が兵器を使って壊そうとしても、容易には壊せない。

もっとも、かつての欧米では、何度かダム決壊はあったようだが、日本とは事情がかなり違う。

例えば、イタリアのアーチダムでは、高さが一〇〇m以上なのに厚みが十数mしかないケースもあった。構造計算で安全だからと、合理的にぎりぎりの厚みで造ったようだ。

だが、私たち日本のダム技術者は、昔から机上の計算を過信しなかった。万が一の天災でも耐えられるように十分すぎる安全値をとった結果、高さと厚みがほぼ同じという、世界各国の中でも最も安全で、頑丈すぎるほどの構造になっている。

コンクリートダムで説明したが、ロックフィルダムという岩を積み上げたダムでも、同じような安全策を各所でとっている。

例えば、高さ一〇〇mのロックフィルダムの底辺は、三〇〇〜四〇〇mもの幅となっている。

日本のダムがなぜ強固なのか、理由をまとめる。

① コンクリートダムには鉄筋がなく、天然の凝灰岩と同じである。
② 固い地層に直接コンクリートを打って基礎にしている。
③ ダムの厚みが極めて厚く巨大な山となっている。

この三つの特徴があるため、日本のダムは壊れない、半永久的に使えると断言できるのだ。

多目的ダムは砂が溜まりにくい

永久に使えるというと、次のような反論が出される。

「ダムが長持ちしても、ダム湖が土砂で埋まれば使えないだろう」

これは事実だ。確かに、ダム湖には、雨と一緒に周囲の山から土砂が流れ込んでくる。そのため、ダムには時間経過とともに土砂が堆積していく。

だが、少しだけ誤解がある。ダムに土砂が堆積しやすいのは、高度成長期に盛んに造られた電力ダムである。

電力ダムの場合、ダムから土砂を排出する穴が用意されていない。理由は土砂が底に溜まっていてもあまり関係がないからだ。ダムの上のほうまで土砂があっても、水位は高くなるので、水の位置エネルギーが確保できる。発電に問題がないのだ。

一方、電力ダムとは違って多目的ダムの場合、土砂が堆積しにくくなっている。大雨が降るたびに、ダム湖の外へ洪水を放流する際に、一緒に土砂を排出してしまうからだ。

多目的ダムには治水という目的もあるので、洪水をダム湖に一時的に貯めて安全な量を下流に放流するための「洪水吐《はき》」という特別な穴が用意されている。この洪水吐から大量の水を排出するとき、同時に、ダム湖の土砂が大量に外へ出ていくのだ。

だから、多目的ダムでは土砂は堆積しにくい。さらに多目的ダムは、一〇〇年分の土砂が堆積してもいいように計画されている。

しかし、一〇〇年、二〇〇年、三〇〇年と経過すれば土砂は堆積してしまう。この場合は、土砂を取り除く必要があるのだが、これは簡単に解決する。

土砂を浚渫《しゅんせつ》したり、ダム湖の底の土砂にパイプを突っ込んで水圧を使って外へ出したり、あるいは土砂吐けのゲートやトンネルを新しく造ったりと、様々なやり方がある。

どれも、新しくダムを造るのに比べると、簡単な工事だし、費用もけた違いに安い。

このように、多目的ダムは、土砂でダム湖が埋まる心配はないし、電力ダムの場合でも、土砂の堆積は解決できる。

だから、ダム湖に流れ込む土砂によってダムが使用できなくなることはない。

ダムは半永久的に生き、半永久的に活躍できるのだ。

ダムがない水路式発電

水力発電には、ダム式と水路式がある。

ダム式は、ダムを造って水を貯めて、ダム湖の水を一気に落として発電する。これは、ダムによってできた水の落差を利用する発電手法である。

水路式では、取水ダムという堰《せき》を作る。これは高さ三〇m以下の小さな構造物で十分だ。取水ダムは水力発電に利用するために川の水を横に導き、そこから水路で水を導いていく。その導水路には落差がなく一定の高さを保っている。水路がある程度の距離を進んで、川と落差が生じたところで水を一気に落として発電し、その後で元の川に水を戻す。

これが水路式の水力発電の大まかなイメージである。

ちなみに水路式の場合、ダム式とは違って巨大なダム湖を造るわけではないので、山村を水没させない。

では、水路式なら問題がないのかと言えば、そうはいかない。このやり方でも地元に犠牲を強いてしまう。

それが減水区間の問題である。

水路式では川の水が取水され、発電後に下流で川に戻される。すると、川の取水地点から水が戻る地点までの水量は減ってしまう。これを減水区間と呼ぶ。

この区間は何キロも続くのだが、かつての豊かな川の流量が消えてゴツゴツの岩がむき出しの川になってしまう。

減水区間にされた流域の人々にとっては、たまらない話なのだ。

私が河川局長だったとき、大分県で、減水区間をめぐって「もっと水を返してくれ」という地元の訴えがあった。

その川については、電力会社が権利を持っていた。当時、できる限りの努力をして川に水を戻したが、地元の人々にとっては満足する量ではなく、今でも水を戻してくれという運動が続けられている。

電力の開発は必要だ。だが、これまでの水力発電は、水源地域を犠牲にして、都会の需要を充たそうとする開発だったという事実を知らなければならない。

水力発電の使い勝手をよくする逆調整池ダム

ダムには、ちょっと変わった使い方もある。

水力発電は、一日の中での電力の需要の変動に応じて発電量の調整が容易だという利点がある。

太陽光発電や風力発電の場合、発電量は日射や風次第であり、人間側の都合で決めることができない。

太陽が照っている時間は、電力需要が小さくとも大きく発電するしかない。逆に、どれほど電力が欲しい時間でも、太陽が陰っていれば大きく発電することはできない。つまり、電力が欲しいときには足りず、欲しくないときに余るという事態が起こる。

風力も同じことで、人間側の電力需要とは無関係に、風が強ければ発電量が増えるし弱ければ減る。

また、火力発電や原子力発電にも発電量を細かく調整できないという弱点がある。原子炉は一旦臨界に達したら連続運転するしかない。たとえ夜間の電力需要が少ないと分かっていても、夜だけ発電量を減らすということはできない。

そのため、どうしても夜の間の発電量が無駄になる。

実は、その無駄を小さくするのに、水力発電が役立っていた。

それは揚水発電というものである。ダムを上下に二つ造る。下のダムに貯まった水を、夜間、余っている電力で上のダムまで汲み上げておく。そして、昼間の電力需要の大きな時間に、上のダムから放水して発電する。電気を貯めておくバッテリーの役目を、上のダムが水を貯めて果たすのだ。

こうしておけば、夜間に無駄になっていた原子力の電力も有効に使える。

揚水発電は、火力発電や原子力発電の弱点をカバーする上手いやり方だった。

ところが、現在では、その効果が発揮できない状況となってしまった。

東日本大震災による福島第一原発の事故をきっかけに、日本の原発はほとんどが止まった。今では原発による夜間の無駄な電力など発生していないので、揚水発電もその効果が発揮できなくなっている。

だが、揚水発電の効果は減少しても、水力発電の、人間が自由に調整できるという特徴まで消滅したわけではない。

今でも、電力需要には大きな波がある。一日の中でも変化するし、季節ごとの需要の変化も大きい。

こうした需要の波を、水力発電の調整力で解決する方法がある。理解されにくい言葉だが、それが逆調整池ダムだ。

既存の水力発電ダムがあるとする。その下流に小さなダムを造っておき、電力需要のピークの二時間程度、上流の水力発電ダムから大きく放水してピークの電力需要に応えるのだ。欲しいときに欲しいだけの電力をゲートのボタンを押すだけで生み出せる、水力ならではのやり方だ。

このとき下流に設けた小さなダムのことを逆調整池ダムと呼ぶ。

なぜ、逆調整池ダムが必要なのかというと、これがないと、川の水がいきなり増えてしまうからだ。

電力ピークに大きく放水するだけで、下流に貯めておかなかったら、川の水が無駄に海へ流れ去ってしまう結果になり、農業用水や水道水などが困ることになる。

ちなみに、逆調整池ダムを新たに建設しても、環境破壊になることはない。こうしたダムは、大きなダムの直下流の人家も森もない小さな谷に造られるし、ダムの高さが三〇m以下と小さい。逆調整池によって人家も森も水没しない。

水没による補償がない上に、規模が小さくて工事費も少ないので、コストも極めて安く済むという長所もある。

日本には、こういう逆調整池ダムの候補地が多くあるのだ。

水を貯めたままダムに穴を開ける

日本全国の川に、既にダムが存在している。一級河川には国が造ったダム、二級河川には都道府県が造ったダムがある。

ところが、その潜在的な電力はあまり開発されていないのが現実だ。多目的ダムの場合、法律などの問題があることは既に述べたが、現実には、潜在的な発電能力の半分も使われていない。

それどころか、発電設備のないダムも多い。非常にもったいない。「もったいなくても、発電設備がないんじゃどうしようもない。今さら手遅れだろう」と考えるのが一般的だ。

確かに、発電を予定している場合とそうでない場合で、ダムの構造は変わってくる。ダムに貯まった水を発電に使うためには、発電施設に水を導く水路が必要である。その水路へダム湖の水を引き入れる穴をダムに開けておく必要がある。

だが、発電をしないダムには、水を水路に導く穴が開いていない。

〈鶴田ダム再開発事業〉

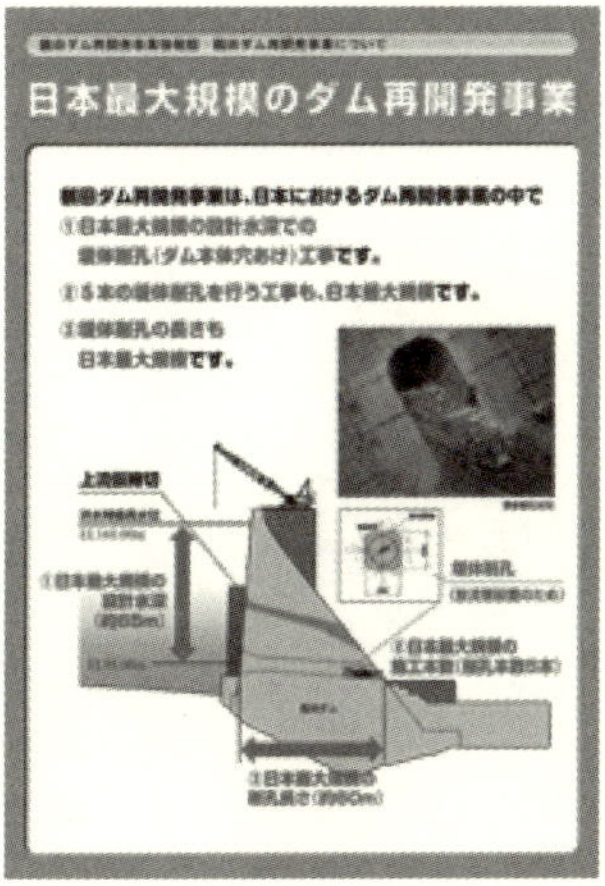

出典：国土交通省　九州地方整備局　川内川河川事務所ホームページ
http://www.qsr.mlit.go.jp/sendai/tsuruta-damu/index.html

つまり、発電していないダムで新たに発電しようとすれば、ダムに穴を開ける必要がある。

「ダムのコンクリートに穴を開けるなんてできない。できたとしても大工事だろう。コストもかかるに違いない」

と考えてしまう。

ところが、実際には違う。私たちダム技術者にしてみれば、ダムに穴を開けるのは簡単なのだ。

事実、九州にある鶴田ダムでは、この工事を行っている最中だ。

ダム堤体のコンクリートを削って、洪水調節用の洪水吐の穴を開ける工事中なのだが、ダム湖の水はそのままである。手順を簡単に述べる。

まず、水中の穴を作る部分に、お椀の形をしたものをくっつける。完全にダムのコンクリートに密着させれば、水圧で押さえつけてくれるので簡単にくっつく。

こうしておいてコンクリートを削っていけば、水が漏れ出すことはなく、安全に工事ができる。

そして、穴が貫通したらお椀型を外すわけだ。

このようにして、ダム湖はそのままでも、新しい発電用の穴がダムに開けられる。

この例で分かるように、発電設備のないダムを発電用に改修する工事は可能だ。

嵩上げは古いダムの有効利用

第一章で、多目的ダムは運用を変えて、ダム湖の水量を増やせば発電力が格段に増すと述べたが、もう一つ、ダムを活用できる方法がある。

ダムの「嵩上《かさあ》げ」と呼ばれる方法だ。

この嵩上げも、水力発電の潜在的な力を引き出す重要な手段である。

まず、嵩上げとは何か。

簡単に言ってしまえば、既存のダムを高くすることである。

例えば、高さが一〇〇mのダムがあるとする。もし、このダムをあと一〇m高くすれば、それだけ多くの水が貯められるし、水位も一〇m上がる。

これが発電力の増加につながる。

水力発電では、ダム湖の水は量が多いほど効率がよくなるし、ダム湖の水位も高いほうがよいのが原則だ。

水の位置エネルギーは、その水量と高さに比例する。

ダムの高さを上げれば、ダム湖の水をたくさん貯められ、高さも稼げる。そして、発電力を増加させることができる。

一〇〇mから一一〇mに上げるのだから、高さ的にはたった一〇%の違いである。ところが、この一〇%がバカにならない。

実は、電力で考えると、単純計算でも発電量は約七〇%も増えるのだ。

たった一〇%の嵩上げで電力が倍になるわけ

意外かもしれないが、簡単な理屈だ。

ダム湖というのは、大きな容器に水が入っているのと同じだ。

仮に、この器がシャンパングラスと同じ形だとしよう。

あのグラスは円すい形であるが、円すい形の容器の場合、高さが一〇％増えると、容積は約三三％増える。

つまり、たった一割だけ容器の高さを上げると、水の量は三分の一も増える。

次に、水の高さを考えるのだが、これは基準点の取り方次第だ。仮に、新しく貯まる水の高さの平均は、今まで貯まっていた水の高さの平均の二倍だとする。高さが上がった分だけ発電量が増えるから、発電量も二倍となる。

おおまかに電力の増加量を計算すると、次の式になる。

〇・三三×二＝〇・六六

つまり、発電量は六六％増えることになる。

こうした結果になるのは、シャンパングラスの場合、容器の底のほうほど狭くなっていて、上のほうに行くほど広い形をしているからだ。

実際のダム湖は、シャンパングラスのような単純な形をしてはいないが、底の方ほど面積が狭く、上の方ほど面積が広いという意味では同じであり、原則的にこの計算と同様の結果になる。

それで、現実的には、一〇〇ｍのダムの高さを一〇ｍ嵩上げすると、発電能力はほぼ倍増することになる。

つまり、一〇％の嵩上げは、ダムをもう一つ造るのと同じなのだ。

このように、たった一〇％でも、ダムの嵩上げの効果は思ったよりも大きい。

実際の嵩上げの例として、北海道の夕張シューパロダムがある。

このダムは元々ダムの高さが六七・五ｍだった。それを四三・一ｍ嵩上げして、高さを一一〇・六ｍにする工事を進めた。これによって貯水容量は、八七〇〇万㎥から四億二七〇〇万㎥に増えた。

つまり、ダムの高さを約一・五倍にすることで、貯められる水が、なんと五倍近くにまで増えたのである。

このように、ダムを嵩上げすることで、意外なほどに貯められる水は増えるし、発電能力も激増するのだ。

嵩上げ工事の実際

嵩上げのやり方を述べていく。

まず、古いダムの堤の上にコンクリートを積み増しして、さらに、その背後にべたっとコンクリートを張り付けていくやり方がある（八七ページ図参照）。

背後にコンクリートを張り付けるのは、ダム湖の容量が増えると、その分だけ水圧も高くなるので、ダムの強度を増す必要があるからだ。コンクリートの壁の厚みを増やして、水の重みの増えた分に耐えられるようにする。

もう一つ、別のやり方もある。

現在、青森県の津軽ダムで進められているのは、古いダムの下流側にもうひとまわり大きく高いダムを造ってしまうやり方である。完成すれば、古いダムの頂上を乗り越えて水が貯《たくわ》えられることになり、古いダムは水没する。

これも、ダムの嵩上げの一種だ。

どちらの方法を選ぶかは、ダムや渓谷の状況によるが、どちらにしても技術的には完成していて、十分可能な工事である。

〈三高ダム嵩上げ　32m→44m〉

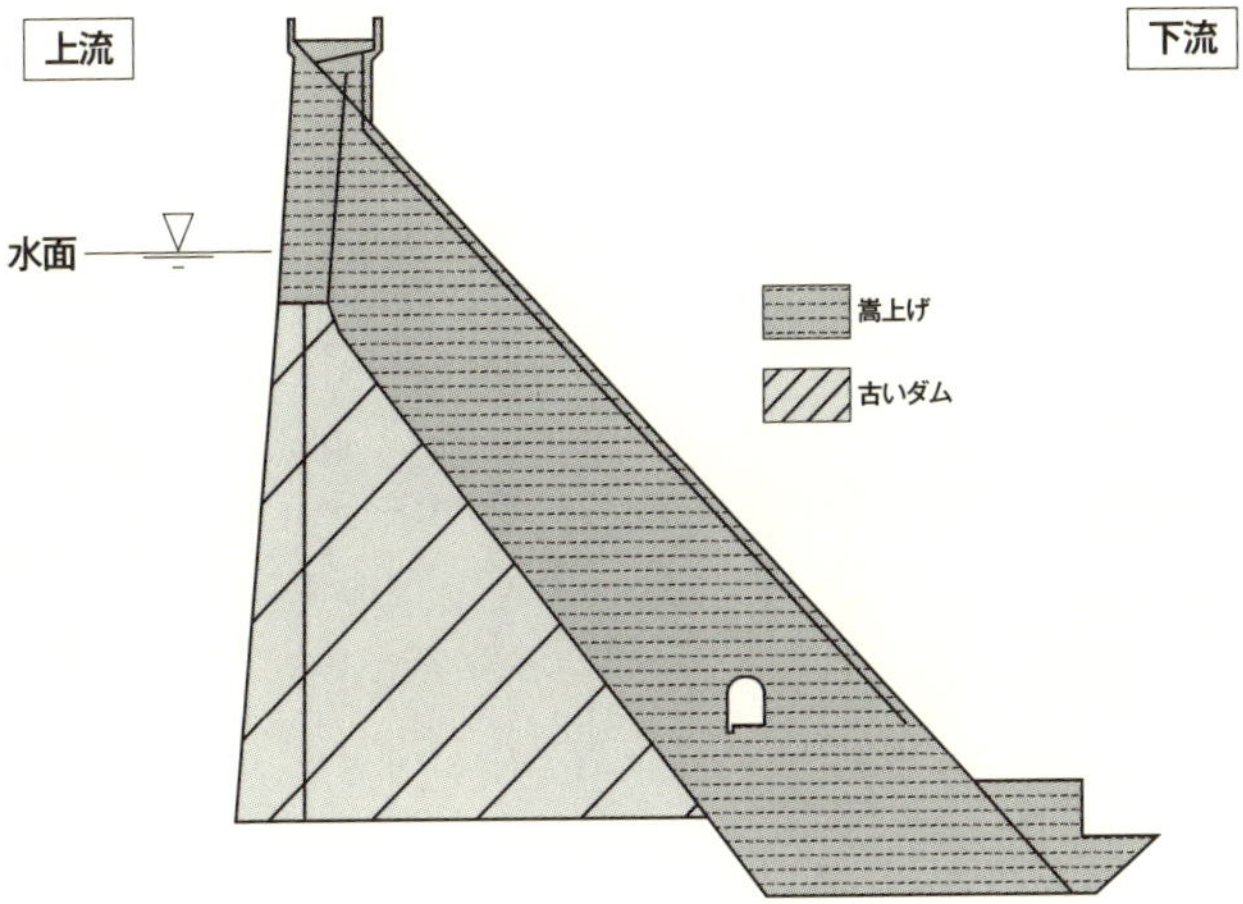

さて、実際の嵩上げとはこうしたものなのだが、次の疑問に答える必要がある。

「随分、大掛かりな工事だし、高くつくのではないか」

確かに、嵩上げによってダムの規模は大きくなる。少なくとも、古いダムよりも大きな構造物となり、ダムの体積で言うと、嵩上げの高さなどによって差はあるが、大体、二倍程度になる。

いずれにしても、古いダムを一つ分造る以上の工事になる。

「それでは、何千億円もかかってしまうではないか」

当然そのような疑問が出てくる。

二〇一一年前後に計画中止か否かで問題となった八ツ場《やんば》ダムがある。確かに八ツ場ダムのような巨大ダムの建設では、総事業費は数千億円のけたに達する。

だが、この事業費の内訳を丁寧に見ていく必要がある。事業費の中でダム本体の工事にかかる費用は、全体のほんの一部である。ダム堤体の工事費用は、せいぜい五〇〇億円前後なのだ。

だから、既存のダムの嵩上げは、けた違いに安く済む。

同じ規模のダム工事なのに、費用がこんなにも違うのは、新しく巨大ダムを造る場合、人々の暮らす村を丸ごと水没させてしまうからだ。

その大きな犠牲に対して、補償する費用、代替道路や代替鉄道の建設費用は、当然、ダム本体の土木工事とは比べ物にならないほど高くなる。だから、新しい巨大ダムには数千億円という巨費が必要となる。

ダムの嵩上げでは、水源地域に改めて払っていただく犠牲は極めて小さい。ダム湖直近の周りには集落は少ない。代替道路工事などもほとんどが不必要となる。だから、費用もずっと安くつく。

一般に、新規ダムの建設では、ダム本体の土木工事の費用は、総事業費の三分の一以下だ。

だから嵩上げでは、土木工事の部分の規模は同じでも、総事業費は三分の一以下に抑えられることになる。

このようにダムの嵩上げは、新規ダムの建設よりもずっと安価に行われるにもかかわらず、ダムを新しくもう一つ造るのと同じほどの電力増を可能にしてくれる。

水力の発電コストは支払済み

「日本の地形と気象から見れば、水力発電は有効だ。しかし結局、水力の電力は高くつくのではないか。そういうデータを見たことがある」

エネルギー問題に詳しい人と議論していると必ずこの質問が出てくる。確かに、発電コストを比較してみると、水力は、石油や石炭、天然ガスなどの火力や原子力に比べて割高に見える（九〇ページグラフ参照）。

ただ、よく内容を見てみると、水力の場合、初期の設備投資がすべてで、燃料費は永遠にかからない。水力発電の原料費はタダなのだ。

他方、火力や原子力は燃料費が永遠にかかる。長期的に見れば、それが安くなることは決してない。

化石燃料にせよ核燃料にせよ、資源量が限界に近づいていて、いずれは、燃料費の高騰

〈各種電源の1kWhあたりの発電コスト〉

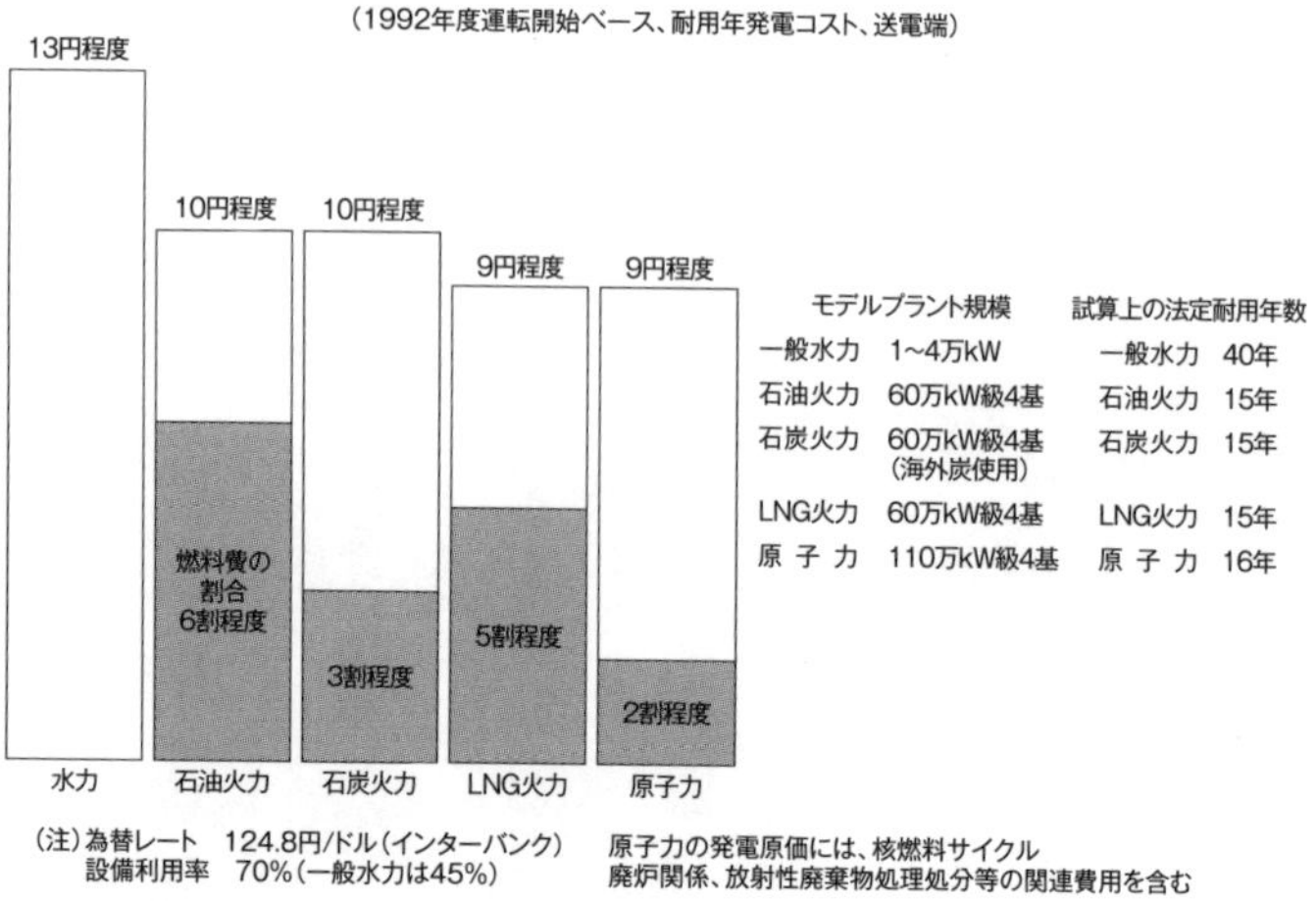

出典：電気事業連合会（編）「原子力図面集―1998年版―」（1998年10月）、p.47

が予想される。

　また、今は高く見える水力発電のコストだが、将来的にはどんどん下がっていく。

　なぜなら、水力発電のコストのうち、占める割合が最も大きい水没集落への補償、付替道路や付替鉄道の費用については、既に支払済みだからだ。

　ダムは半永久的に使えるから、最初に費用が支払われれば、以降は支払う必要がない。

　将来にかかる経費を見ると、発電設備などの機械の更新が必要だが、水は無限にあり、ただである。火力や原子力では、発電設備の消耗に加えて燃料費もかかることになる。

〈発電をEPRで評価すると……〉

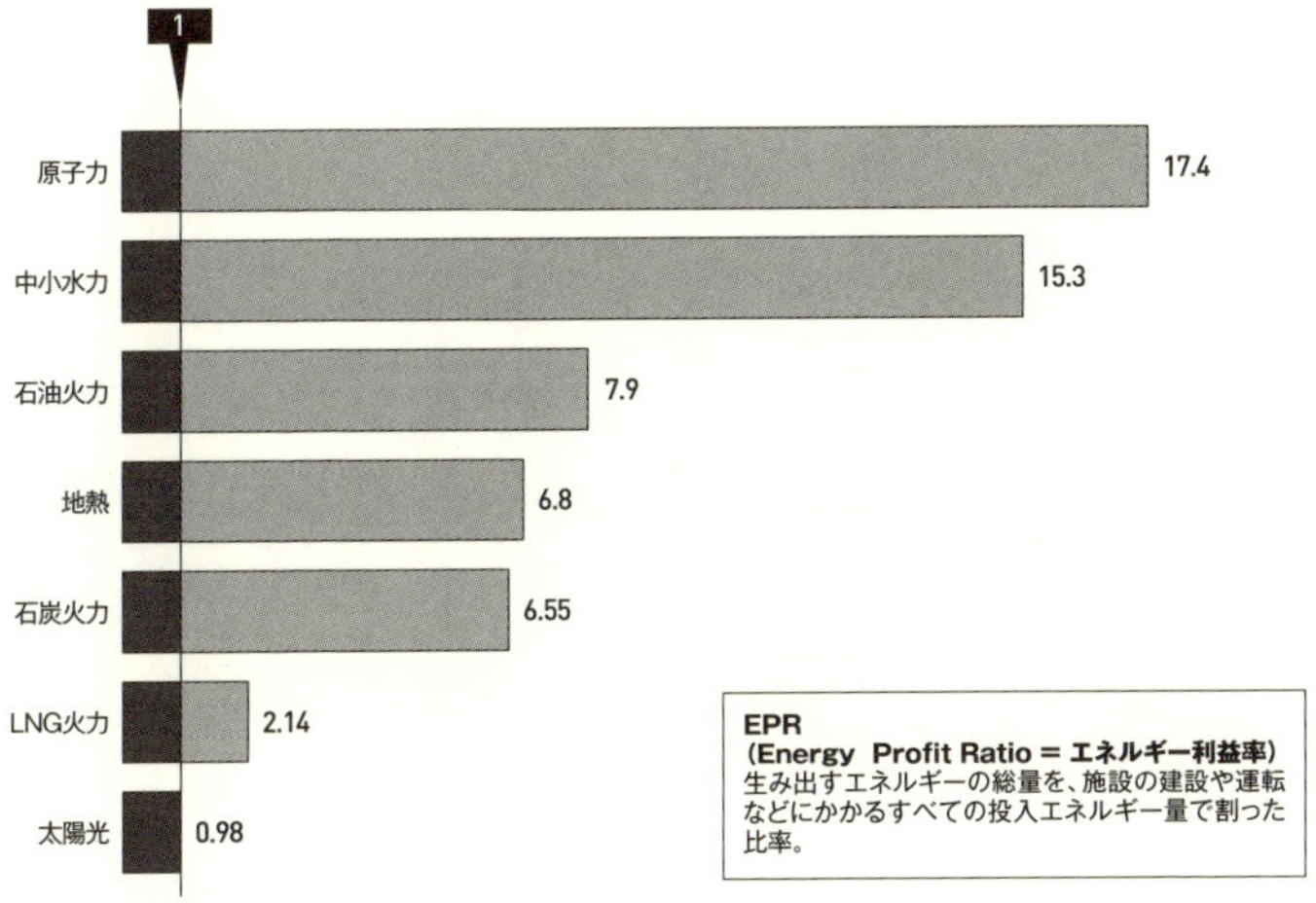

出典：日本経済新聞 2006年7月2日（天野治氏の資料を基に日本経済新聞が作成）

もちろん水力発電は、温室効果ガスの二酸化炭素を排出しない。将来の地球環境にとって望ましく有利であることは明らかである。

既に支払われた分を除いて、将来にかかるコストだけを計算するなら、水力は他の発電に比べて圧倒的に安価になる。つまり、事実上、水力は最も安い電力を供給できるわけだ。

実際、エネルギー発生の効率で見ると、水力がかなりよいという資料がある（九一ページグラフ参照）。

「エネルギー利益率」（ＥＰＲ）という数値を比較したものだ。ＥＰＲとは、各発電方法を実行したときに投入した必要エネルギーに対し、何倍の電気エネルギーが得られるか、という指標のことだ。

例えば、ＥＰＲが2だとすると、発電所を造ったり運転したりするのに必要なエネルギーの二倍の電気エネルギーを起こせるという意味になる。

さて、このＥＰＲを各発電方法で比較すると、原子力がトップで、僅差の二番が水力となっていて、火力や太陽光などよりも圧倒的に水力のＥＰＲは高い。

ちなみに、これは東日本大震災以前の日本経済新聞に載っていたデータで、現在では原子力のＥＰＲは見直す必要があるだろう。

相対的に言って、水力の優位性はもっと高まっていると考えられる。

このように、水力発電は大変に効率のよい発電方法なのだ。

一〇〇年後、二〇〇年後にこそ貴重になるダム遺産

現在、日本の総電力供給量に対する水力発電の割合は九％ほどだ。

私は、日本のダムの潜在的な発電能力を引き出せば、三〇％まで可能だと試算をしている。

方策は三つある。

第一に、多目的ダムの運用を変更すること。河川法や多目的ダム法を改正して、ダムの運用法を変えれば、ダムの空き容量を発電に活用できる。

第二に、既存のダムを嵩上げすること。これによって、新規ダム建設の三分の一以下のコストで、既存の発電ダムの能力を倍近くに増大できる。

第三に、現在は発電に使われていないダムに発電させること。これについては、後で詳述する。

日本のエネルギー政策は曲がり角に来ている。石油などの化石燃料は地球温暖化を促進してしまう。さらに五〇年後、一〇〇年後には必ず枯渇してしまう。原子力は、福島第一原発の事故以降、方針が否応なく変更され、安易な拡大はできない。

そこで、再生可能エネルギーが注目されているが、水力こそ最も古くから開発され、技術的に完成された再生可能エネルギーなのだ。

特に、第一の運用変更には、ほとんどコストはかからない。第二の嵩上げにしても、新規の巨大ダム建設とは違って、嵩上げの事業費は工事費のみだから、新設するのに比べるとけた違いに安くできる。

この二つの方法による電力の増加は、非常に低いコストで実現する。

よく、水力発電は、火力や原子力に比べてコストが高いと言われてきた。

しかし、既に述べたように、そのコストのほとんどは、新しいダム建設にかかる全体事業費なのだから、既に存在しているダムで発電量を増やす場合には、ほとんどのコストを過去に支払済みだということを、ぜひ理解していただきたい。

これは、第三のダムの発電利用の場合でも基本的に同じである。第一の方法に比べれば、多少コストがかかるものの、ダム新設のコストに比べればはるかに安く済む。

水力発電はもはや拡大の余地がない、あるいは、水力発電の拡大には巨大ダムを新たに造る必要があり環境破壊を避けられない。一般には、このようなイメージで固まってしまっているが、事実は違うことをくり返し説明してきた。

巨大ダムの新設はもう必要ない。莫大な税金による公共投資も必要ない。環境破壊もない。それでも水力発電は何倍にも増やせるのだ。

中小水力発電の具体的なイメージ

既に述べたように、水力発電にはダム式と水路式がある。日本の川ではその両方に開発の可能性があるが、いずれにしても、既存のダムを利用することが有利になる。

日本には、発電に利用されていない非常に多くのダムが全国に存在している。

大きなものでは、国の直轄の多目的ダムから、都道府県の多目的ダム、そして国や都道府県が管理している砂防ダム（九六ページ参照）まで様々だ。

そのどのダムについても、水力発電に利用できる。

ダムが大きければ発電量が大きくなるし効率も良くなるが、小さいダムでも発電は可能である。

ダムの高さが一〇ｍクラスの小さな砂防ダムでも発電は可能で、一〇〇から三〇〇ｋＷほどの電力は簡単に得られる。

例えば二〇〇ｋＷというと小さすぎると思われるだろうが、実際にはバカにならない。なぜなら、砂防ダムの場合、一つの渓流でいくつも存在しているからだ。仮に一つの渓流に五つの砂防ダムがあれば、その一つ一つで発電できる。二〇〇ｋＷだとすると五つで一〇〇〇ｋＷになる。

さらに、一つの川には、いくつもの渓流が支流として存在する。支流すべての砂防ダムの数を合計すれば数十になることも珍しくなく、そのすべてのダムを発電に利用すれば、何千ｋＷにもなる。

こうした状況が日本中の川で存在しているわけで、一つ一つの川のダムの発電量が数千ｋＷでも、日本全国で見れば膨大な電力となる。

日本には多数のダムがあり、全国で新たに中小水力発電に利用できる箇所は、調査によって様々な数字を挙げているが、どれも数千のケタに上る。

例えば、二〇一一年に環境省が行った調査では、出力三万kW未満の水力発電を新たに開発可能な場所は二万か所以上あり、そのすべてを開発すると、総電力は一四〇〇万kWに上ると試算されている。

中小水力発電の潜在力は思いのほか大きいのだ。

発電に利用されていない砂防ダム

砂防ダムとは、砂を貯めるダムである。正式には砂防堰堤《えんてい》という。山歩きをすると、渓流で見ることができる。高さで言うと、主に一〇mから三〇mほどの小さなダムである（一七一ページ写真参照）。

現在の日本では、山間の渓流には小さなダムが多数あり、その多くが砂防ダムである。渓流ではいくつも連続して設けられている。

なぜ、そんなに砂防ダムがあるのかというと、土石流の危険に備えるためだ。

山に一時的な豪雨があると、山の土砂が一気に渓流に流れ込む。土砂を含んだ濁流には凄まじい力があり、巨大な岩をも流してしまう。岩がそのまま流れ落ちていくと勢いがついてしまって、流域の橋を破壊したり、下流の住宅地を破壊してしまう。

砂防ダムを設けておくのは、そうした災害を防ぐためである。

豪雨のときの土砂や岩が砂防ダムに貯まる。一旦、動きが抑制され、また流されてダムから下へドスンと落ち、次の砂防ダムでまた止まる。

これを繰り返すのだが、一旦、力が抑制されるところに意味がある。

土石流が危険なのは、流れに乗った土砂や岩はどんどんとエネルギーを増してしまうからだ。ちょうど、雪山で雪の玉を転がすのと同じで、下へ転がり落ちていくとどんどんとそのエネルギーは大きくなっていく。

だが、砂防ダムで土砂や岩の動きが抑制されれば、そこで土砂のエネルギーは減っていく。

ダムをいくつも造るのは、何度も何度も土砂や岩のエネルギーを抑制することで、下流に巨大なエネルギーのまま流れ落ちないようにする目的のためだ。

このように砂防ダムは、土石流のエネルギーを〝殺す〟目的で作られている。

つまり、治水が目的のダムということだ。そもそも、治水が目的だったため、水力発電に利用されることがなかった。

将来は、こうした砂防ダムや農業用水ダムなどのように、発電とは別の目的で作られた多数のダムの発電能力を積極的に開発すべきである。

そうしたダムの発電能力は限られていて、せいぜい二〇〇kW～四〇〇kWだが、すべてを開発すれば、未来の日本にとって貴重な財産となる。

少なくとも二〇〇兆円分の富が増える

日本に一年間に降る雨や雪の位置エネルギーを、すべて水力発電で電力に変換されると、七一七六億kWhになると試算されている。

今の日本で一年間に発電されている電力量は約一兆kWhだから、もし水力を完全に開発できれば、電力需要の七〇%ほどを賄《まかな》える計算だ。

実際には、すべての降水のエネルギーを電力量に変換するのは不可能で、これはあくまで理論値だ。

現在の水力発電の電力量は九〇〇億kWh強であり、理論値には程遠い。

現実にどこまでの開発が可能かは、技術と経済の状況次第となる。

少なくとも、既存の多目的ダムの運用変更と嵩上げは今すぐにでも実現可能である。

日本プロジェクト産業協議会（ＪＡＰＩＣ）の水循環委員会（委員長・竹村公太郎）によると、全国のダムの試算では、運用変更と嵩上げだけで、三四三億ｋＷｈの電力量を増やせるとしている。

さらに、現在のところ発電に利用されていないダムを開発することは、技術的には何ら問題ないし、再生可能エネルギーの固定買取制度のおかげで、経済的にも好条件となっている。

このうち中小水力発電については、開発可能地点の試算が調査によって違っていて定説はない。しかし、少なくとも一〇〇〇億ｋＷｈほどの電力量が増やせると考えられる。

運用変更と嵩上げで約三五〇億ｋＷｈ、これに一〇〇〇億ｋＷｈの電力量を加えれば、一三五〇億ｋＷｈの増加となる。

すると、既存のものと合わせ水力全体で二二〇〇億ｋＷｈ以上となり、日本全体の電力需要の二〇％を超える。これだけの純国産電力を安定的に得られる意味は大きい。

ただし、ｋＷｈなどという単位で説明しても分かりにくいと思うので、電力を金額に直して表してみる。

仮に、水力発電の電力量が現在より一〇〇〇億ｋＷｈだけ増加したとする。将来の電力料金がいくらになるかは予想できないので、現在の料金で考えよう。家庭用電力料金では、平均して一kWh当たりを二〇円とすると、一〇〇〇億kWhの電力料金は、年間で約二兆円分に当たる。

つまり、少なく見積もっても、純国産のエネルギーが毎年、二兆円分も増加するわけだ。しかもダムは、維持管理をしながら半永久的に使える。仮に一〇〇年しか使えなかったとしても、年に一〇〇〇億kWhの電力量の増加は、一〇〇年分で二〇〇兆円分の電力を余計に生んでくれる計算になる。

つまり、ダムとは、この先の日本に、二〇〇兆円を超える富を増やしてくれる巨大遺産なのだ。

この遺産を十分に活用すべきなのだ。

日本の一〇〇年後、二〇〇年後の将来、日本の子孫たちがダムという遺産に感謝する時代となってほしい。

未来のためにも、今生きている私たちが、ダムという遺産を存分に活用するための道筋を作っておくべきだ。これが、ダムを建設してきた私たちの強い思いである。

第4章

なぜ、地形を見ればエネルギーの将来が分かるのか

歴史的観点から、人の暮らしとエネルギーの関連を見るとき、そこには〝地形〟が重要なカギを握っていたことが見えてくる。

エネルギーをめぐる過去の事実を振り返りつつ、近未来の日本が採るべきエネルギーに対するスタンスを説く。

地理の視点からエネルギーを考える

四〇年近い年月、私は土木技術者として日本中の川を歩き三つのダムを造ってきた。自分の専門である河川土木の見方で物事を考える癖があり、これまでも歴史や社会問題などを、地形の面から見直してみて、思わぬ発見をしたことがある。

日本のエネルギー問題も、土木技術者の眼からは、やはり地形が解決してくれるように思える。

これまで人間が生活のために使ってきた様々なエネルギーは、いずれも地形、地理の問題と切り離せなかった。日本の歴史も、地理という、文明を支える基礎によって左右されてきた。

日本の地理の特徴とは、アジアモンスーン気候帯に位置し、山の多い島国だということになる。それゆえ、水のエネルギーに富んでいるのが長所だ。

日本のエネルギーの将来を考えるとき、この特徴を最大限に活かす時代に入っていくと考えられる。

ここでは、日本のこれまでの歴史を、地形とエネルギーの視点で、もう一度振り返ってみる。未来のカギは、歴史の中に潜んでいることが多いからだ。

奈良盆地から京都への遷都はエネルギー不足が原因

かつて、日本の中心は奈良盆地に置かれていた。飛鳥京、藤原京、平城京と、六世紀から八世紀までの約二〇〇年間、日本の都は奈良盆地にあった。

ところが八世紀末、突然のように桓武天皇によって、奈良から京都へと都が移される。

まず、長岡京が作られ、それから一〇年後の西暦七九四年に、平安京へと遷都された。

奈良から京都（平安京）への遷都について、歴史家は様々な理由を挙げている。

例えば、天智天皇家と天武天皇家の争い、藤原氏との確執、仏教と道教の対立など、政治や宗教に遷都の理由を求めている。

だが、私は歴史の専門家ではないので、複雑な人間模様に基づく原因を文献から探ることはできない。

ただ、土木技術者の眼で当時の都のインフラを見ると、確実に分かることがある。

「奈良にはもう、エネルギーが残っていなかった」という事実である。

当時の人々のエネルギー源は薪《まき》、つまり木材だった。ほかにも木材は建築材に使われており、当時の社会では、人一人当たり年間一〇本ほどの立木が必要だったと推定できる。

都が置かれていた頃の奈良盆地には、ピーク時で、約二〇万人の人口があったと言われているが、平均で一〇万人だったとしてみよう。年間に一人当たり一〇本の立木を必要としたとすると、奈良盆地全体では年間一〇〇万本の木を伐ることになる。

一〇〇万本もの立木を伐採するとは、毎年、百万坪の森林を消失させるイメージである。

奈良盆地の都は二〇〇年も続いている。単純に考えて、年に一〇〇万本ずつ二〇〇年も立木を伐採し続ければ、奈良盆地の周囲の山に木は残らなくなるのが当然だ。

つまり、森が消失してしまい、生活に必要なエネルギーを調達できなくなったため、奈良にはもう大勢の人が住めなくなったということだ。

これは、単なる想像だけではなく、証拠として文献記録が残っている。

コンラッド・タットマンという歴史学者が、日本全国の神社仏閣に使用された木材の出所（伐採地）を、古文書の記録によって調べた。すると、奈良時代の後半には、伐採のエリアが奈良盆地の周囲をはるかに超えて、紀伊半島から琵琶湖の北にまで広がっていたのである。

これは、奈良時代後半、琵琶湖や紀伊半島の先まで行かなければ、木材が手に入らなかったということを意味している。

つまり、京都に都が移されたのは、奈良周辺の山々は禿山《はげやま》になってしまっていて、もう木材エネルギーを手に入れることができなくなっていたから、と結論できる。

このように、エネルギーに注目すると、歴史的事件の思わぬ真相が浮かび上がってくることがある。

家康が江戸に幕府を開いた理由は豊富なエネルギーだった

世界の中の文明の歴史を見ると、人口が集中する都は、エネルギー問題を常に抱えている。

奈良から京都へと遷都して以降も、この原則は変わらない。地形とエネルギーに注目すると、意外な真実が見えてくる。

例えば、関ヶ原の戦いで勝った徳川家康は、江戸に幕府を開いたが、なぜ、江戸を選んだのか。当時の状況を考えると、腑《ふ》に落ちないところがある。

豊臣秀吉の命で家康が入部した一五九〇年（西暦）当時の江戸には、農家が数百戸しかなかったと言われている。

一六〇〇年の関ヶ原の戦いで勝った家康は、征夷大将軍になった後、その辺鄙《へんぴ》な江戸に自分の幕府を開いたのだが、これは不思議な話だ。

というのも、関ヶ原の後も豊臣家は大坂城に健在だったし、敵対していた毛利にせよ島津にせよ西日本に構えていて、そこから家康に対していつ反旗を翻《ひるがえ》すか分からない状況だった。

そうした反徳川勢力に備えるのなら、箱根を越えた遠い関東に本拠を置くよりも、京都か、名古屋、岐阜などのほうが、はるかに理にかなっていた。

軍事的にも不利で、しかも、未開地だった江戸に、なぜ、家康は幕府を開いたのか？

歴史の専門家からは、この謎について明確な説が出されていない。

だが私は、やはりエネルギーに注目することで、謎が解けると思っている。

実は、この当時、関西にはもう木材がなかった。これが家康の決断を理解する重要なカギになる。

先程も触れたタットマンの研究によると、戦国時代には、森林の伐採圏が近畿地方にとどまらず、西は山口、高知、北は能登半島、南は紀伊半島、そして東は伊豆半島にまで拡大している。

奈良時代には、年間に一人当たり一〇本の立木が必要だった。ところが、戦国時代には二〇本が必要になっていたと推定できる。

当時の関西の兵庫、大坂、京都、滋賀、奈良地域の人口を一〇〇万人だったとすると、年間に二〇〇〇万本の立木が必要ということになる。

これは奈良時代の森林破壊と比較して、二〇倍ものハイペースである。

さらに、奈良時代から平安時代、そして戦国時代まで約一〇〇〇年が経過している。この間の森林破壊は、奈良の山を壊滅させたときとは、けた違いだったはずである。

つまり、戦国が終わったとき、京都や大坂などの人口集中地の近くには、もう、森林が残っていなかったと推定されるのだ。

そんな一五九〇年、家康は秀吉に追いやられるようにして関東の領地を得た。

そこで彼が見たのは、利根川や渡良瀬川、荒川などの流域に広がる、手つかずの広大な

〈天竜川流域 木材伐採量の枯渇〉

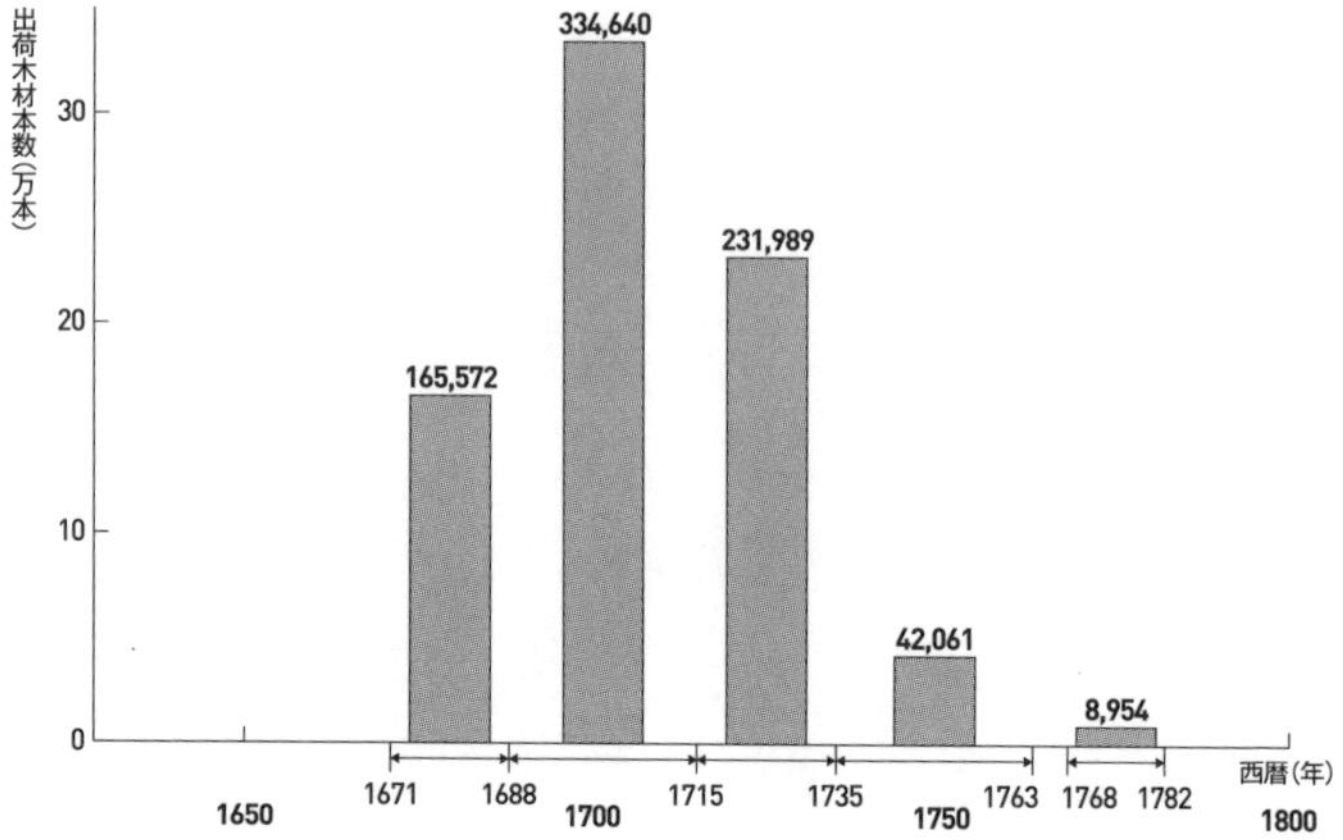

データ出典：コンラッド・タットマン『日本人はどのように森をつくってきたのか』
（築地書館）
作図：（公財）リバーフロント研究所　竹村・松野

森林だった。莫大な木材は家康の心を動かした。今日で言えば、軍事国家の独裁者が大油田を発見したようなものだ。

エネルギー資源が戦略物資であることは、戦国の昔も今と変わらない。家康という戦国武将が、エネルギー獲得に有利な江戸に魅力を感じたのは、当然だった。

このように、家康が江戸に幕府を開いた理由も、エネルギー問題から考えるとストンと胸に落ちていく。

幕末は文明の限界だった

家康は手つかずの森林に魅力を感じて、江戸に幕府を開いた。江戸は豊富な木材というエネルギー資源を得て繁栄し

〈歌川広重「東海道五十三次」日坂宿《にっさかしゅく》
（現在の静岡県掛川市）〉

〈歌川広重「東海道五十三次」二川宿《ふたがわしゅく》
（現在の愛知県豊橋市）〉

ていく。

ところが、江戸時代の繁栄にも限界が訪れる。またしても、木材が不足する事態になってしまったからだ。

もう一度、タットマンの研究を使わせてもらおう。彼のデータを基に、天竜川流域の木材伐採量の推移をグラフにしてみた（一〇八ページグラフ参照）。すると、一七〇〇年頃にピークが訪れ、その後、急に下がっていることが分かる。

天竜川流域には幕府の天領が置かれ、重要な木材供給地の一つだったのだが、その森林においても伐採できる木材が消えていったのだ。

そのほかにも証拠がある。

幕末に活躍した歌川広重の有名な浮世絵「東海道五十三次」シリーズがある。その一枚、「二川《ふたがわ》」を見てみると、背景の山には木がポツンポツンとしか描かれていない。

広重ほどの絵描きがあからさまな手抜きをしたと考えるより、当時の山には本当に木がなかったと解釈するほうが自然だ。

二川だけではない。広重の東海道五十三次の山の絵は、みな貧しい植生に描かれて、二一世紀の今の緑豊かな姿はまったくない。

つまり、江戸時代の終わりには、木を伐り尽くし、日本は森林というエネルギー資源の限界を迎えていたのだ。

もっと直接的な証拠も挙げてみよう。

幕末に神戸を訪れた外国人が、

「神戸の山には木がなくて丸裸だ」

と驚いている。

幕末の日本は、森林というエネルギー資源が枯渇寸前で、文明の限界を迎えていたのである。

現代は、環境破壊が世界的な問題になっている。

環境破壊により森林が減り、地球規模で二酸化炭素濃度が高まって、地球の気温が上昇すると危惧されている。

日本でも環境問題は深刻である。戦後になって高度成長期からバブル経済の頃へと急速な経済発展に伴い、次々と森林が、宅地や商業地、工業用地になっていった。

私たち日本人は、戦後の経済成長が、こうした自然破壊を代償にして成し遂げられたことを知っている。

そして、多くの人は、こう思っている。

「ああ、昔の日本は、きっと今とは違って、緑の豊かな美しい国だったろうに」

ところが、これは勘違いである。昔の日本の山のほうが、今よりもずっと破壊されていた。

なぜなら、人々が山という山の木を伐り倒して使い尽くしたからだ。山の木を伐り倒して燃料にし、家の材料にし、農具にし、舟にしていた。

人間が生きて文明を営むにはエネルギーが必要であり、そのためには山の森林を破壊せざるを得なかったのである。

平城京の時代、奈良の山はすべて伐採の対象だった。

平安京、すなわち今の京都に首都を移したのは、奈良の山に木がなくなったためだ。

戦国時代の森林破壊も激しかった。関西の周囲の山は丸裸となり、西は山口、東は伊豆まで森林は伐り倒されていった。

そして、江戸時代に入っても、日本の森林の破壊は止まらなかったのである。

明治日本の足下に眠っていた石炭

ペリーが黒船で来航し鎖国が終わり、明治維新が起こる。これにより、日本の近代化が始まった。

実は、ペリーの来航は、日本の外交政策を転換させただけでなく、エネルギー政策を一変させる事件でもあった。

それは、日本人と、黒船を動かしている蒸気機関との遭遇である。

ペリーの乗ってきた巨大な船が、木材で動くのではなく、石炭で動くと知って、日本人は驚愕した。

「この真っ黒い石で、あんなデカい船が動くのか」

日本人は、石炭という黒い石がエネルギー源であることを知って、驚き、かつ、喜んだのだ。

長い江戸時代が続き、日本の山は丸裸の状態にあった（一一三ページ写真参照）。燃料としての木材が枯渇寸前で、文明社会の限界にさしかかっていた。

その日本人にとって、石炭という新たなエネルギー源の出現は、まさに光明だった。

〈大正2年（1913年）頃の滋賀県野洲市
立石国有林　山腹工施工前の荒廃状況〉

写真提供：滋賀森林管理署
『全国植樹祭60周年記念写真集』／発行：（公社）国土緑化推進機構

〈明治中期（明治23年？）の京都市
山科区　琵琶湖疏水第3トンネル付近？〉

写真提供：京都府立総合資料館
『全国植樹祭60周年記念写真集』／発行：（公社）国土緑化推進機構

石炭ならば、九州や北海道の地面の下に埋まっていた。しかも、木材よりも石炭のほうがエネルギー量が大きい。当時の感覚で言えば、日本に埋蔵されている石炭のエネルギー量は、無限に思えただろう。

ペリー来航の翌年に日米和親条約を結んで以降、日本の歴史は急展開する。尊王攘夷運動が活発になり薩長が幕府と対立、ついに幕府の大政奉還から王政復古に至り、時代は明治となる。

そして、明治五年（一八七二年）には新橋―横浜間に、日本初の鉄道が開業して、石炭を燃料とする蒸気機関車が走った。明治二二年（一八八九年）には東海道線全線が開通した。

北海道、九州などの炭鉱が開発され、日本は、木材エネルギーから石炭エネルギーへと一気に転換したのであった。

黒船によって日本人は、石炭の可能性を知った。

木材エネルギーの文明の限界に立っていた日本が、石炭という新しいエネルギー源の存在で救われたのだ。

石油は日本を戦争へと駆り立てた

国内に大量に埋蔵されていた石炭という化石エネルギーによって、日本は一気に近代化を進めた。

食品加工業から繊維工業、そして重化学工業を発展させていった。

時代は下り、第一次世界大戦で世界的なエネルギー政策の転換が起こった。

化石エネルギーの主役が石炭から石油へと移り変わったのだ。

このエネルギー転換が、日本を窮地へと追い込むこととなった。日本には石炭はあっても、石油はほとんどなかったからだ。

第二次世界大戦直前の頃の石油産出量を見ると、アメリカが突出して多かった（一一五ページグラフ参照）。

日本には、石油の需要はあるのに国産の石油資源がほとんどなく、アメリカからの輸入に頼るしかなかった。

〈第２次世界大戦前夜の石油産出分布（1940年データ）〉

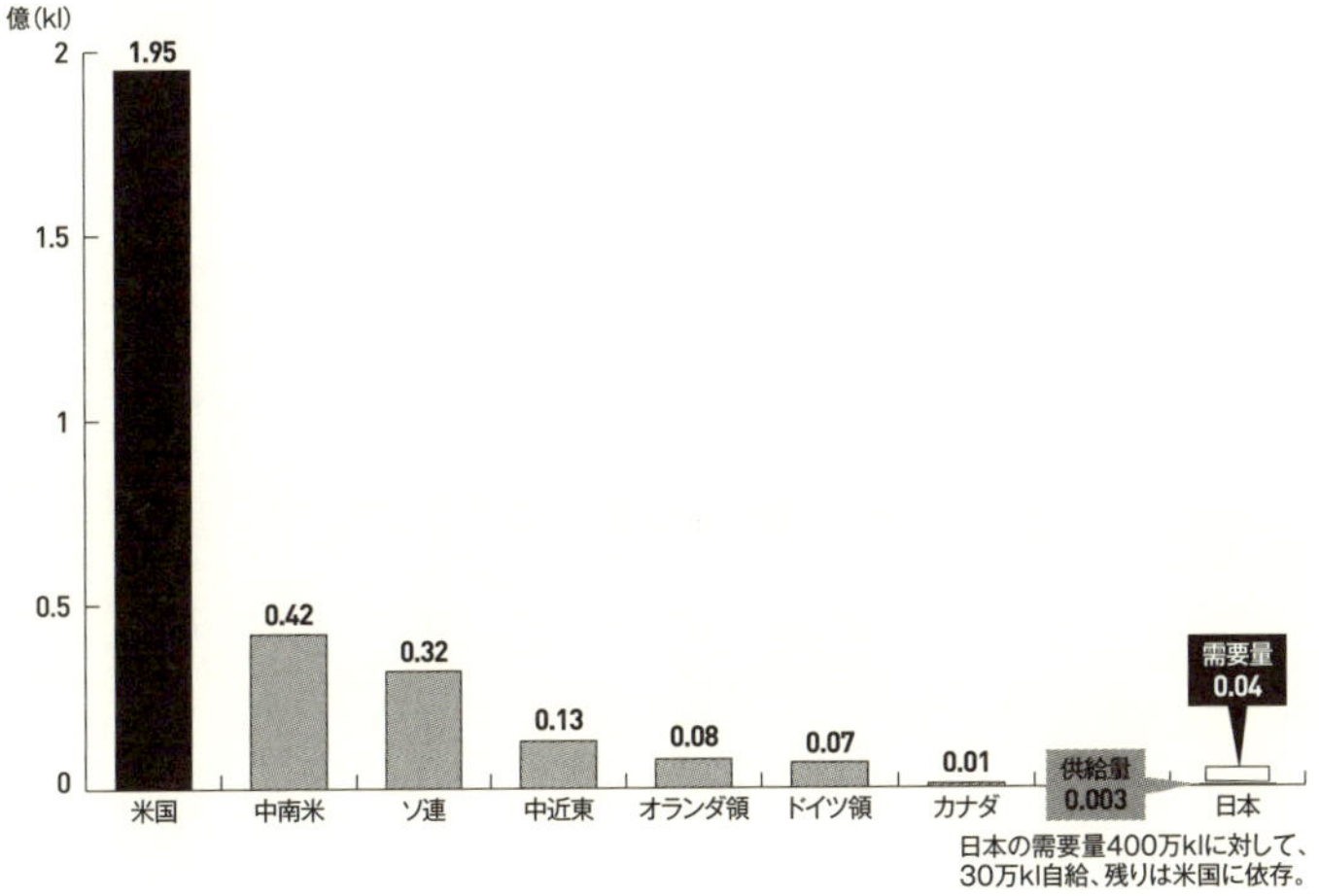

出典：http://homepage1.nifty.com/RED-SILVIA/sensou2.htm

　つまり、石油により、アメリカに首根っこを押さえられていたのだ。

　あの太平洋戦争が起こった一因は、ここにあった。

『昭和天皇独白録』（文春文庫）には、こんな天皇の言葉がある。

「先の戦争（太平洋戦争）は石油で始まり、石油で終わった」

「窮鼠《きゅうそ》猫を噛む」という言葉そのままに、日本はアメリカというネコに苦し紛れに噛みつくネズミのようなものだった。

　アメリカに石油を止められて苦しむあまり、アメリカとの戦争へと突入した日本が狙ったのは、オランダ領インドネシアの石油だった。

第二次世界大戦を始めたヒトラーもまた、エネルギーを求めていた。彼はソ連のバクー油田を狙っていたのだ。

太平洋戦争に突入した日本では、石油を止められたために、幕末のように大量の木材が伐り出されている。

戦中の写真を見ると、当時の山はすっかり木がなくなり、どれも禿山《はげやま》の状態だったことが分かる。山の木材さえも使い切ってしまった日本には、もちろん石油の備蓄などほとんど残っていない。

エネルギーがなくなった軍隊には、もはや勝ち目はなかった。

石油を求めて始めた戦争は、石油が切れたことで、終わったのである。

まさに日本は、昭和天皇の言葉通り、石油という化石燃料を追い求めて戦争を起こし、石油がないことで敗けたのである。

多くの評論家、歴史家、作家が、戦争に突入していった原因や、日本帝国軍部の戦争責任について解説してくれている。

しかし、様々な社会状況と人間模様がおりなす歴史はむずかしい。それよりも、昭和天皇の一言のほうが、分かりやすい。

「あの戦争は、エネルギー問題で起こった」と、理解できるのだ。

ところで、昭和天皇は昭和二五年（一九五〇）に山梨県甲府市で植樹を行った。これは天皇自らのご発案だったという。

以降、天皇は全国の山に植樹をなさっている。それほどにも、終戦直後の日本は丸裸だった。

文明のあるところ環境破壊あり

文明というものは、山が丸裸になるほど燃料の木が必要であった。それは日本に限った話ではない。

世界中の人類文明に共通した現象なのだ。

メソポタミア文明が分かりやすい。中東は、今でこそ砂漠地域であるが、昔からそうだったわけではない。メソポタミア文明が栄えた頃には緑があり、レバノン杉の森林がいっぱいに広がっていた。

ところが、文明が繁栄するにしたがって人口が増え、森林が伐採されていき、とうとう伐り尽くしてしまったのだ。

つまり、メソポタミア文明が、あの土地を砂漠にしてしまったわけだ。

同じことは中国でも起こっている。

例えば、春先になると、大陸から日本まで黄砂《こうさ》がやって来るが、これは、黄河流域の黄色い砂が季節風に乗って運ばれるからだ。

現在の黄河流域には森林が五％しかなく、そのほかは荒涼とした砂漠が広がる不毛な土地なのだが、昔からそうだったわけではない。

今から三〇〇〇年前、黄河流域には古代文明が栄えていた。その頃には、この大河の流域の八〇％が森林地帯だったと言われている。

ところが、一五〇〇年前には森林率が一五％に激減し、現在はたった五％になってしまった。

かつては豊かな森林が広がっていた黄河流域が、今では砂漠になっている。

これは、気候変動が原因なのではない。人間のせいである。

黄河文明が栄えると当然のように人口が増える。すると、燃料として木が伐り出されていき、森林は激減していったのだ。

秦の始皇帝は万里の長城を築いたのだが、あの長城は、膨大な数の煉瓦《れんが》でできている。煉瓦を焼くために、黄河流域の森林が大量に伐採された。

こうして、かつては森林地帯が八〇％もあった緑豊かな土地が、二〇世紀に入った頃にはわずか五％という土漠地帯となってしまった。

このような歴史を見れば、「人類文明の誕生と発展は環境破壊」であったことが分かる。

木材も石油も再生可能エネルギーも太陽から来る

現代の日本のエネルギーに視点を据えていく。

私は、エネルギー問題の専門家ではない、河川を専門とする土木技術者である。その河川の土木技術者は、地形のプロだ。その地形を考えることで、エネルギーの本質を見きわめようと努力してきた。

第二章で、地理学の専門家だったベルの慧眼についてご紹介したように、エネルギー問題は、ある面で地理の問題だ。

近代以前のエネルギー源だった木材は、山という地形と気候帯によって左右される。豊かな森林があるかどうかは、まさに地理の問題であった。

現代の主なエネルギーである化石燃料は、地下に埋蔵されている。世界のどこに埋蔵されているかの問題は、これも地理の問題となる。

また、もう一つ、エネルギー問題が地理とつながる理由がある。それは、私たち人類の使うエネルギーは、大元をたどると、ほとんどが太陽のエネルギーに由来するという事実に関係する。

かつてのエネルギー源だった木材は植物である。植物は光合成によって炭水化物を作る。つまり、木材のエネルギーは光合成により作られており、その元は太陽のエネルギーである。

化石燃料も、太陽エネルギーの変化したものである。太古の昔に生きていた動植物が気の遠くなるほどの年月、地中に埋もれているうちに変化し、石油や天然ガス、石炭になった。かつての動植物の身体に蓄えられていたエネルギーも、もちろん、彼らが生きていた時代に降り注いでいた太陽エネルギーの変化したものだ。

化石燃料は、過去の太陽エネルギーの缶詰と言われるゆえんである。

エネルギーは、太陽が大元でも、それが効率よく人間に使える形になるかどうかは、地理的条件に左右される。

太陽エネルギーを受け取る効率から見て、地球には不利な場所と有利な場所とがある。赤道には大量にエネルギーが降り注ぐが、南極や北極には太陽エネルギーはたくさん届かない。

木材という昔のエネルギー資源は、赤道地帯には豊かだが、南極や北極には皆無であり、地理的条件の違いによってエネルギー資源の分布に差が出てくる。

降水量の条件により、森林の成長も変わる。

化石燃料にしても同じで、太古の昔に太陽エネルギーが豊富に降り注いだ場所や降水量に恵まれていた地など、動植物が多かった場所が時代を経て、現在の資源大国になっている。

このように、すべてのエネルギーが太陽に由来し、地理的な条件に左右されることに気がつくと、エネルギー問題の解決に新しい視点を与えてくれる。

そのため、エネルギー問題の門外漢でも、地理的な視点からエネルギーを考えると、新しい発見をすることができる。

その一つに、日本の人口とエネルギーの関連についての発見がある。

エネルギーの量が人口を決める

江戸時代の中心地は江戸だった。江戸時代後半の江戸の人口は一〇〇万人を超えていて世界最大の都市となっていた。

大きな人口を抱えた江戸は、大量の木材をエネルギー源として必要とした。江戸にほど近い多摩や丹沢などの森林はもとより、広く関東全域、さらには飛騨などの遠方からも木材が集められていた。

そうした木材供給地の一例として、天竜川流域の木材搬出量のデータを先の項でご紹介した（一〇八ページグラフ参照）。これを見ると、江戸時代の中期頃に搬出量がピークを迎えて、以降は減少している。そして、ほとんど搬出量がなくなってしまう。

天竜川流域では、森林の再生スピードの限界を超えて伐採した結果、森林がなくなってしまったのだ。

一七〇〇年頃に天竜川は、木材エネルギーのピークを迎えていた。天竜川と同様のことが日本全土で行われていた。

このことを頭に置いて、日本の人口の推移を見てみると、興味深いことに気づく。日本の人口は鎌倉時代から戦国時代までほとんど一定で、江戸時代にドンと増えている（一二五ページグラフ参照）。

江戸時代に入って農地が開発されて増えており、江戸時代の人口増加は食糧が増えたからだと、一般には考えられている。

だが、ふと、食糧以上にエネルギーが人口を左右したのではないかと思うようになった。

明治が始まって、再び人口が爆発的に増えている。江戸時代の人口増加が、三〇〇〇万人強で頭打ちになっていたのだが、明治に入ると急増し、昭和になり一億人を超えた。

明治になって、農地開発に革命的な変化があったわけではない。大きく変わったのはエネルギーであった。

すなわち、木材エネルギーから石炭エネルギーへの大転換である。

国内の木材エネルギーがピークを過ぎていたところへ、化石エネルギーが導入された。日本で使えるエネルギーの量が明治維新を境にして激増した。時を同じくして人口が増加しているのは無関係ではない。

つまり、エネルギー供給量が増えたから、人口が増えたのである。

そう考えると、江戸時代、日本の森林が消えていったことによって人口が途中から増えなくなったことも肯ける。

江戸時代の人口増加が、農地の開発による食糧増産が原因であることは間違いないだろう。しかし、食糧と人口の増加の陰には、エネルギーと人口の関係が大きく影響していたと推定できる。

食糧生産とエネルギー供給は密接な関係にある。近代では、エネルギーがなければ化学肥料は生産できないし、大規模農業も成立しない。

人口を左右していたのはエネルギーの供給量だった、と表現することができるのだ。

ラッキーな三億人

江戸時代は、木材エネルギーで生活していたが、三〇〇〇万人強まで増えたところで、人口の伸びは頭打ちになった。これは木材エネルギーによる文明の限界だったと考えることができる。

そして今、日本の人口の増加は、再び頭打ちになっている。人口一億二〇〇〇万人をピークに、徐々に減っていくと予想されている。

これからの日本の人口はどうなるのか。いくつかの試算があるが、一〇〇年後には八〇〇〇万人から六〇〇〇万人ほどで安定するらしい。

今の日本では人口が減少傾向にある原因について、様々な意見がある。景気の低迷や雇用環境の変化など経済的な要因を挙げる意見や、若い男女のライフスタイルの変化に原因を求める意見もある。

だが、今回の頭打ちは、明治以来、日本が採り続けてきた化石燃料に頼るエネルギー政策が、限界に来ているからという仮説を立てることもできる。

つまり、江戸の末期と同じ限界を、再び迎えたという仮説である。

〈日本の人口の推移〉

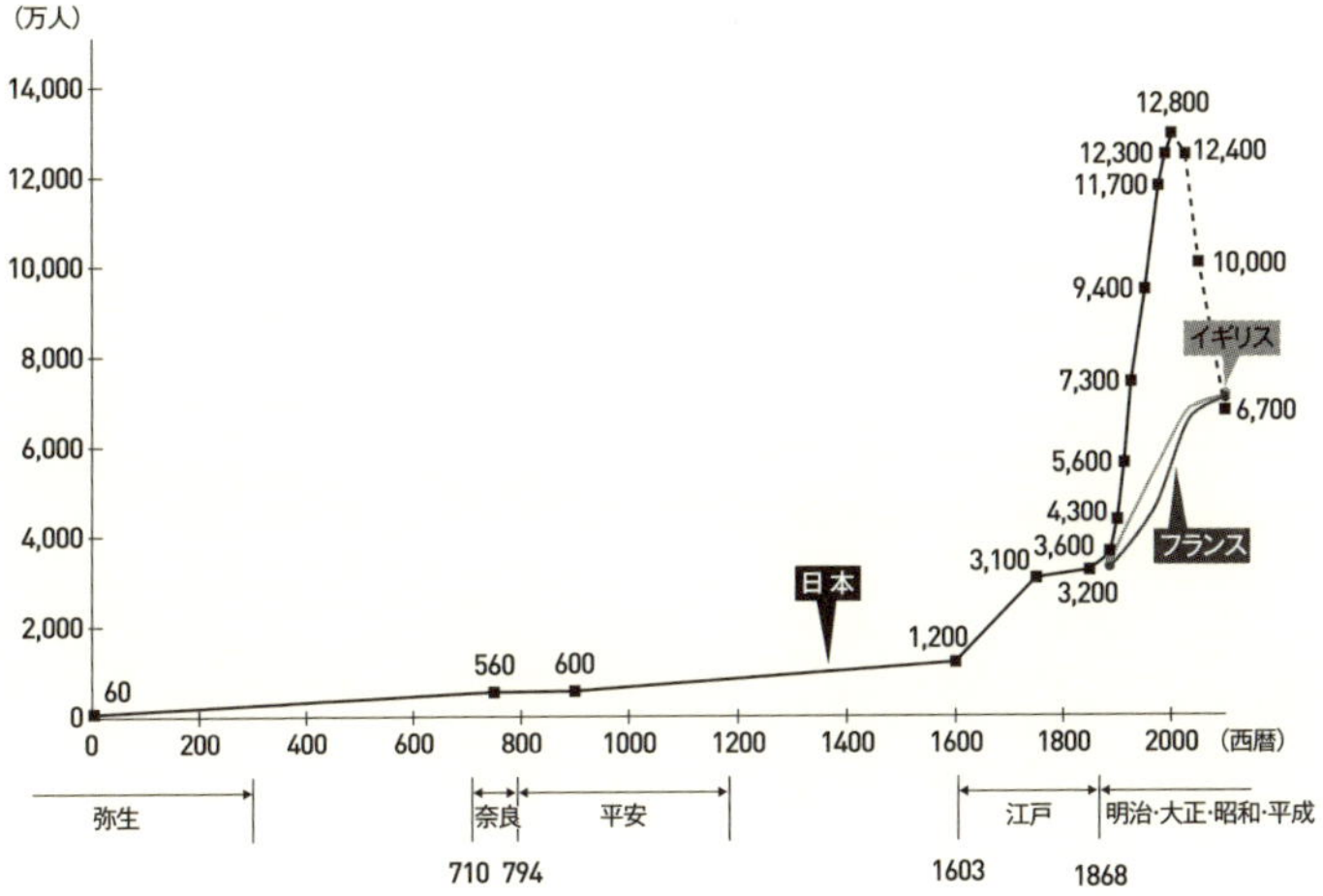

出典：「国勢調査」
　　　1850年以前は鬼頭宏『日本二千年の人口史』（PHP研究所）
　　　将来人口は（財）日本人口問題研究所（中位推計）による。
データ：英国、仏国は国連。日本は人口問題研究所による。

この仮説に立てば、今回もまた、エネルギー政策を転換する必要に迫られることとなる。

　では、近代を支えてきたエネルギーの転換とは、どのような姿になるのか？

　来るべき次世代のエネルギーは、再生可能エネルギーを中心としたものにならざるを得ない。ある意味で、これは江戸時代に戻ることとも言える。

　幕末にあたる一八五〇年頃、日本、フランス、イギリスの人口はともに三千数百万人で、ほとんど同じだった。そして、近い将来である二一〇〇年の人口も、フランス、イギリスと日本は八〇〇〇万人前後と、ほぼ同じになると予想されている。
ところが、この二五〇年間の人口の推移をみると、日本はフランスやイギリスとかなり違う（一二五ページグラフ参照）。

英仏の人口は少しずつ増えて、二五〇年後にほぼ倍増する。つまり、直線状に増えるわけだ。

だが、日本は一旦急増加して一億二〇〇〇万人を超え、そこから八〇〇〇万人まで減る。グラフにすると、山なりの放物線だ。

つまり、二五〇年間の人口の推移を比較すると、日本はフランスやイギリスをはるかに上回っていることになる。

二五〇年間で、日本は英仏よりもどれだけ多くの人口を抱えていたのか、計算してみた。時代によって変化する平均寿命を加味すると、フランスやイギリスに比べて日本には、延べにして約三億人の人々が多く暮らしているという結論を得た。

もし、明治以来の近代日本が化石燃料を使わなかったら、幕末の人口のままだっただろう。

言い換えれば、明治以来、石炭や石油などの化石エネルギーがあったからこそ、この世に生を受けることのできた人が、英仏に比べ日本には三億人も多くいたということになる。

私も含め、この三億人の人々の命は、化石エネルギーが生み出してくれたのだ。

化石エネルギーが生み出したこの三億人は、日本にとって大きなパワーとなる。近年、日本人のノーベル賞受賞者が何人も出ているが、これも人口の多さから考えれば、当然と言える。

このエネルギーの恩恵で出現した今生きている幸運な日本人たちは、次世代、次々世代へ何を引き継いでいけるのか。

それを考えていくことが、今を生きている人々の責任となっていく。何しろ、化石エネルギーによってたまたま得た幸運な人生なのだから。

国産エネルギーの時代の適正な人口は？

日本は人口減の時代に入っていく。

人口は国力につながるから、人口が減れば国力が下がる、日本にとっては憂うべき事態だという意見が圧倒的である。

しかし、次世代のエネルギーは、再生可能エネルギーが中心になると考えると、人口減は悪いことではない。

むしろ、歓迎すべきかもしれない。

今、日本のエネルギーは化石燃料を中心としているが、石油にしても天然ガスにしても長期的には埋蔵量の枯渇という局面に見舞われていく。一〇〇年も二〇〇年も石油や石炭に頼ることはできない。

また、原子力については、残念ながら福島第一原発の事故の経験から、厳しい技術的困難な課題が横たわっていることを思い知らされた。

世界は確実に、再生可能エネルギーを中心とする方向へと、エネルギー政策を転換しつつある。

近年の地球温暖化についての国際会議を見ても、転換点を迎えたことが鮮明になった。

かつて京都議定書を結んだ頃には、先進国は、二酸化炭素の排出量削減に対して、責任の押しつけ合いをしていた。途上国は先進国を突き上げて、援助を要求していた。

しかし、二〇一五年一二月にフランスのパリで行われたCOP21（国連気候変動枠組条約第二一回締結国会議）で結ばれたパリ協定では、アメリカや中国でさえ二酸化炭素削減に積極的な態度へと変わっていた。

途上国でさえ、低炭素社会への変換を主張し始めていた。

この変化は、先進各国が、地球温暖化を以前よりも深刻に受け止めたからというよりも、もはや、化石燃料だけではエネルギー問題は解決できないと悟ったからであろう。

パリ協定の締結では、化石燃料の時代から再生可能エネルギーの時代へと転換することを、世界が感じたのだ。

日本でも、再生可能エネルギーが中心となっていかざるを得ない。

持続可能な未来社会にするには、エネルギーの過半を占めている化石燃料を大幅に減らさざるを得ない。

だが、日本の歩む道はそれほど過酷なものとはならない。

なぜなら、日本の人口は今よりも減る。エネルギーの総量が減っても、一人当たりが使えるエネルギー量という意味では、影響は小さい。

化石燃料が枯渇する時代では、人口が増加していくことのほうがはるかに危険な傾向であるのだ。人口の減少はむしろ良い知らせなのだ。

近い将来において再生可能エネルギーを中心としていけば、日本のエネルギーは持続可能となる。

太陽光にせよ風力にせよ、再生可能エネルギーは純国産エネルギーであり、海外の事情によって価格が変動したりはしない。

その日本にとって、再生可能エネルギーの中心は水力発電となる。水力発電は純国産エネルギーであり、無限であり、無料なのだ。水力発電こそ、未来の日本社会を支えるエネルギー基盤になる。

エネルギー供給量を基準にして、一〇〇年後の日本の人口問題を考えてみると、日本という国の身の丈に合った落ち着いた豊かな生活を実現することができる。

やはり日本列島は幸運な列島なのだ。

第5章

なぜ、水源地域が水力発電事業のオーナーになるべきなのか

中小水力発電の現状について説明する。水源地域と都市部の水力に対する意識のギャップと、近代の巨大ダムの遺した傷跡について述べ、中小水力の開発を推進するカギとなる、「利益はすべて水源地域に」という原則にたどり着く。

電力源分散化の時代には中小水力発電が有効

一〇〇年後の日本社会の電力供給について考えると、今のように火力に偏っていることは考えられない。化石燃料による発電は徐々に減ると覚悟する必要がある。かと言って、原子力発電に多大な期待をするのはもう無理だろう。

となると、使える物はすべて使うという姿勢で臨むしかない。再生可能エネルギーを含めて多様な電力源を求めることになる。

つまり、電力源の種類の多様性を追求する時代が来る。

そうした将来を見込んで、今、再生可能エネルギーについての開発が盛んになっており、太陽光発電や風力発電、バイオマスなどの計画が進められている。

そして中小水力発電も、再生可能エネルギーの一つとして有望である。

これは巨大ダムを利用した大規模発電ではなく、中小ダムや農業用水路を利用した発電のことだ。

これからの水力発電開発について整理してみると、主な開発の方向は次の四つに分類できる。

① 多目的ダムの運用変更
② 既存ダムの嵩上《かさあ》げ
③ 発電に使用されていないダムでの水力発電の実施
④ 砂防ダム・農業用水路などにおける一〇〇〇ｋＷ以下の小水力発電

このうち、①〜③については既に述べた。この章では特に④について述べていく。

④の小水力発電の開発が、これからの日本では重要になる。

砂防ダムを利用した場合、大きな発電能力は期待できない。東京や大阪などの大都市の電力需要を賄《まかな》うことはできない。大都市に対しての電力供給は、大きな発電能力のある施設を用意するしかない。

だが、地方の中核都市クラスの需要には、ダムによる水力発電でもかなりの割合で供給が可能だ。

もっと小さな都市や村クラスの需要ならば、条件次第で、小水力で賄うことも不可能ではない。

五〇年後、一〇〇年後、化石燃料の埋蔵量が少なくなり、高騰が予想される。必ず、エネルギー問題がひっ迫する時代となり、国内で使える電力源は今よりも格段に貴重となる。中規模水力発電によって地方都市の電力や、小水力発電によって地方のコミュニティの電力需要をカバーする意味は大きい。

既に述べたように、日本列島には、川の流れる山岳地帯がどこにでもある。ダムも既に数多く造られている。

日本列島のすべての地域で中規模及び小水力発電の可能性がある。

ところが、現実を見ると、小水力発電の開発はほとんど進んでいない。

原因は、小水力発電の開発を進めるべき水源地域の事情にある。

都会の人々は水源地域の人々の感情を理解していない

かつて、『黒部の太陽』という映画（一九六八年公開）があった。黒部ダム建設の苦闘をテーマにしたもので、高度成長期の、私がまだ高校生だった頃の作品である。

実は私は、この映画を見て、ダムを造る土木技術者になろうと心に決めたのだ。

数年前この映画を再び見る機会があった。そのとき、心から驚いてしまった。思いもしなかった場面があった。冒頭で石原裕次郎が演じる主人公がダム計画を耳にして、こう言うのだ。

「環境破壊しちゃうな」

あの高度成長に入ろうとしている時代に、環境破壊という意識が既にあったとは思わなかった。この映画を見ていて心がふるえてしまった。高校時代には聞き取れなかった裕次郎のセリフが、六〇歳を過ぎたダム屋の私の胸を突いてきた。

この裕次郎のセリフは正しい。巨大ダムを造るということは、環境に大きな負荷をかける。

さらに、負荷は自然環境だけでなく、水源地域の山村全体にかかっていく。

山間の集落は、水の流れに近い渓谷に平場を見つけて長い時代を経て形成されてきた。それらの多くの集落は、川から大体二〇mほどの高台にある。そうした渓谷に一〇〇mクラスのダムを建設してしまうと、村を丸ごと沈めてしまうことになる。

もちろん、ダム事業は、水没する集落の人々（水没者）にできる限りの手厚い補償を行う。田畑や家屋はもちろん、稼業や商売についても補償する。村の公共物や建築物についても補償する。とにかく、形あるもの社会的に説明ができるものならば、可能な限り補償することは不可能ではない。

だが、どうしても補償できないものがある。それは人々の思い出である。自分たちの故郷が失われるという村の人々の心の痛みについては、補償できない。

ダムを造る事業者にとって、ここが最も辛い。

私は川治《かわじ》ダム、大川ダム、宮ヶ瀬ダムと三つのダムを造ってきた。そのダムの現場で学んだことは、どうやって水源地域の人々の心の痛みを知り、それを乗り越えてもらうためにどのように会話をして、コミュニケーションをくり返していくかであった。

ここで、都会の人は往々にして誤解してしまう。

「一生暮らせるほどの多額の補償金をもらうんだろう。御殿を建てるのだから、それでいいじゃないか」

このような乱暴な言葉を聞くこともある。

だが、これは大きな誤りである。

確かに、水源地域のダム建設は、治水や利水、発電のために行われる日本社会全体の要請による。

だが、これらはすべて、平野部にある都市側の住民の都合でしかない。

水没する水源地域の人々は、都市住民の都合のために、一方的に犠牲を強いられるのだ。いくら金を積まれても、沈んでしまった村は決して返っては来ない。

自分たちには何の関係もない事情で、祖先たちの歴史も、彼ら自身の思い出も、すべて消滅させられてしまう。

これは理不尽と言うほかない。

水源地域の人々の心情に、都会の人たちは思い至らない。そのことが現在も、水源地域での小水力発電の開発を遅らせている。

そのことに都会の人はまったく気づいていない。

三つの巨大ダム建設を経験してきた私は、水源地域の人々の辛い心情を理解しなければならない人生を送ってきた。その経験について述べてみたい。

思い出は補償できない

もう半世紀も昔、昭和四五年（一九七〇）に旧建設省に入省し、栃木県鬼怒川の川治ダムの建設現場に配属された。

川治ダムは、高さ一四〇mという巨大なアーチダムで、現場は鬼怒川の水源地域にあった。そこには、所長をはじめとする建設省の先輩方がおられたが、彼らはいくつものダム建設を経験してきたダムのプロ集団だった。

若かった私は、その現場で、ダム建設とは何かについて、一から学ぶことになった。そうした貴重な体験の一つとして、こんな思い出がある。

着任して数か月経ったある夜、私は先輩たちの様子がおかしいことに気づいた。彼らは地元の村との会合から帰ってきたばかりで、ひどく酔っている上、気分が悪そうで顔色がさえない。

当時、既に地元の村とは補償基準が妥結されていて、緊張する補償の山場を越えていたから、地元の方々との会合で激しいやり取りがあったはずはなかった。

実際、先輩たちの会話から察するに、話し合いは和やかな雰囲気で進んだらしい。

〈川治ダム〉

出典：国土交通省関東地方整備局鬼怒川ダム統合管理事務所ホームページ
http://www.ktr.mlit.go.jp/kinudamu/kinudamu_index005.html

では、なぜ、悪酔いするほど、先輩方は苦しんでいるのだろう。

私には不思議だった。あの頃、工事事務所に配属されていた独身者たちと、単身赴任していた先輩方は同じ寮で生活していた。先輩方は皆、酒が強いことを私は知っていただけに、一層、腑《ふ》に落ちなかった。

若気の至りで、つい所長に尋ねた。

「村の人と飲むのは苦痛なんですか？」

所長はしばらく黙った後で答えた。

「いや、飲むのは苦痛じゃない。だが、辛いんだよ」

「何が辛いんです？」

何も知らない若造を諭して、所長は言った。

「国は、水没する人々の家屋や土地には補償できる。だが、彼らの思い出には補償できない。俺たちダム屋には、どうすることもできない。それが辛いんだよ」

所長は続けた。

自分たち役人は、ダムによって水没してしまう水源地域の村の人たちを、松原、下筌《しもうけ》ダムのとき（昭和三〇年代の九州・筑後川の蜂の巣城紛争）のように苦しめるようなことは絶対しない。そのため心から誠意をもって川治ダムの必要性を説明してきた。

彼らは、国のために必要だと納得し、補償額にも同意してくれた。

自分たちは水没する村の人々に、代わりとなる新しい場所を精一杯用意する。そのための計画を具体的に相談し、生活再建を手伝う。

だから、村の人たちと酒を飲む。将来のために、酔った彼らの本音を聞いて、自分たちがやるべきことを確認する。酒は笑って愉快に飲む。

でも、心の中は辛い。村の人たちがどれほど寂しいか、感じずにはいられないからだ。

村の人たちは、すべての思い出を失うからだ。

彼らは生まれ育った家を失う。学んだ学校、遊んだ小川、恋人と歩いた丘、夫婦で将来を誓った神社やお寺、すべてを失ってしまう。

「すべての思い出の景色を、湖の底へ沈めてしまうのは、ダムを造る俺たちだ。そのことが申し訳なく、かと言ってどうすることもできず、辛いんだよ」

あのときの所長の声は、以来、私の耳の奥から、消えることはない。

思い出には補償できない。とてつもなく重い事実だ。

ダムは、水没する村の人々に、決して償いきれないほどの犠牲を負わせるという事実を、ダム屋の一人として、私は心に刻んだ。

ダム湖を観光資源に

川治ダムで先輩たちは、地元の人々からの信頼を得ることを何よりも大切にした。

そのために、村の人々と根気よく付き合い、交流を深めていった。酒を共に飲んで、自分たちの人格を素直にさらけ出していた。

公共事業にはある大きな特徴がある。公共性が高ければ高いほど、事業地域の人々に大きな犠牲を強いてしまう。

そんなとき、事業者である出先の自分たちは、犠牲を負っていく人々に信頼してもらわねばならない。

水没する村の人々が何を犠牲にしてしまうのか。事業者の自分たちに何ができるのか。

常に考え、全身全霊で地元の人々に向かっていかなければならない。

若い私は、ダム屋の先輩たちの言葉と背中から、それを学んでいた。

時は流れ、その一五年後、私は神奈川県の相模川に計画された宮ヶ瀬ダムの現場で、所長に就任していた。

今回は、私が責任を持って、ダムで水没する村の人々に報いなければならない立場となっていた。

宮ヶ瀬ダムの水没地域の生活再建にとって、最大の課題は、観光業の継続だった。元々、その地域では、美しい中津川渓谷を活かして、観光業が盛んだった。だが、宮ヶ瀬ダムが完成すれば、その中津川渓谷は水没してしまう。

観光業の継続のためには、水没する渓谷に代わるような観光資源が必要だった。

私には腹案があった。それはアメリカのフーバーダムのやり方である。

フーバーダムとは、一九三六年にアメリカで建設されたダムで、私たちダム屋にとっては一種、憧れのダムだった。アメリカ大統領フーバーの名前を付けた有名な巨大ダムだ。

私がフーバーダムを視察したのは、宮ヶ瀬ダムの所長に任命される一年前であった。

フーバーダム湖には観光船が優雅に走っていた。当時の日本では、ダム湖で観光など考えられないことだっただけに、私は驚いてしまった。

さらに、一般の米国人がぞろぞろとダムの内部にまで入り、ダム管理者から説明を受けていた。ダム本体そのものが観光の一環となっていたのだ。

このフーバーダムを実際に見ていたことで、

「宮ヶ瀬ダムをフーバーダムにする」

というのが私の秘策となった。

だが、当時の建設省内部でこの構想を説明しても、理解が得られる見込みはほとんどなかった。

そのため、私は秘かに計画を進めることにし、宮ヶ瀬ダム事務所から、この案の内容を外へ出さなかった。淡々と、ダム堤体内部には観光用の仕掛けを施しておき、何年後かの完成時に、本省がその仕掛けを承認するのを期待したのだ。

もし、ダムの観光化を後になっても本省が認めなければ、仕掛けは無駄になる。そのときには、淡々と仕掛けの扉を閉じてしまえばよい。

幸い、建設省の後輩たちは、この仕掛けを封印せず、宮ヶ瀬ダムの観光化は実現を見ることになった。

家の上を通る船には乗れない

さらに時が経ち、建設省は国土交通省に統合された。

私はその国交省を退官した後、ある短大で講座を持っていた。

ある日、水資源について教える授業の一環で、学生たちを宮ヶ瀬ダム（カバー写真参照）に連れて行くことになった。

天気のよい日だった。かつて秘かに設計したダム堤体横の専用護岸から、観光船に乗った。

船は観光客でにぎわっていた。船が着岸したのは、水源地域の村の人々が観光で暮らす代替地だった。多くの観光客の姿があり、その一帯はにぎやかで、観光業で栄えていた。

船を降りたところに物産館があり、そこで水没者の顔見知りの奥さんから明るい声をかけられた。

一通り、無沙汰の挨拶や人々の様子を聞いたりした後で、私は言った。

「今、ダムからここまで船に乗ったんですよ」

私は、観光化が成功したと感じて、地元の人である彼女からも喜びの声を聞くことがで

〈宮ヶ瀬ダム〉

出典：国土交通省関東地方整備局相模川水系広域ダム管理事務所ホームページ
http://www.ktr.mlit.go.jp/sagami/sagami00440.html

きると期待していた。

だが、彼女はこう言ったのだ。

「そう。でも、私はまだ船に乗ったことがないけどね」

私は驚いた。

ダム湖ができて、もう十数年が経つのである。

「なぜ、乗らないんです？」

奥さんは少し目をそらし、小さな声で答えた。

「だって、湖の下には、昔の家があるから」

私は言葉を失っていた。

代替地は観光で栄え、水源地域の村は活気に満ちていた。私はそれを見て、すっかり安心してしまっていた。

だが、間違っていた。

現在の彼らは、ダム湖を観光資源にして生活している。しかし、そのダム湖を渡る船に乗ることさえできない。

なぜなら、船で通ると、昔の思い出の土地を自分の足の下にしてしまうからだ。

水源地域の村の人々の心に残っている傷は、決して、回復などしてはいなかった。

近代の日本は経済成長のために、数々のダムを造った。そこには、決して補償することのできない、大切な思い出が犠牲となっている。

私たちダム技術者はこのことを、絶対に忘れない。

川の権利をめぐる法律と心のギャップ

水源地域の人々が抱いている、巨大ダムや水力発電に対する複雑な感情を、少しでも理解してもらうために、私の経験について述べてきた。

この水源地域の人々の思いを前提にして、本章のテーマである小水力発電の開発を述べていく。

残念ながら、小水力の開発はあまり進んでいない。

その大きな原因となっているのが、水源地域の人々との合意形成の難しさである。事業者が、地元から小水力開発に対する理解を得ようとすると、どうしても時間がかかってしまう。

その背景にあるのは、川をめぐる地元の感情と法的権利のギャップだと思う。

法的には、川の水は国が管理することになっている。水だけでなく川岸の土地も、国や都道府県の管理下にあり、公有地だ。

水を、川に面している地元の村や町の所有とすれば、上流と下流、または右岸と左岸の集落同士、市町村同士で必ず摩擦が起こる。事実、江戸時代までは、川の権利をめぐる争いは、どの地方でも見られることだった。日本だけではない。全世界で共通の現象であった証拠に、英語で「ＲＩＶＡＬ《ライバル》」は「ＲＩＶＥＲ《リバー》」から来ている。

そのため日本では、川の土地と水の管理は国が行うと法律で定めたのだ。村には、わずかに、川の水を利用する権利が慣習的に認められているのみだ。

つまり、法的には、川に関する権利は、地元に残されていない。

だが、水源地域の人々の認識は違う。

「川の水は自分たちのもの」

これが本音だ。

都会に暮らしていると、川の大切さなど意識しない。そのため、

「川は村のものだなんて、勝手な話だ」

と考えてしまう。

だが、そうは言えない事実がある。

有史以来、川を実際に管理していたのは、その川に面して生きてきた人々だった。

川は、山から海まで続いている。山間の村から平野部の街まで川の恩恵を受けている。

ひとたび洪水でも起これば、山間地域を含む流域全体に被害が及ぶ。

水源地域では、山林を守り土砂流出を防止した。

堤防がある地域では、氾濫などが起こらないように監視したり、堤を修繕したりしてきた。

古来から川を守り、川と共に生きてきたのは、山から海までの川に面して生活していた人々であった。

また、水源地域の人々は、下流の水を汚さないよう注意して生活していた。

「俺たちの祖先が苦労して守ってきた川」

それは事実なのだ。

川の公共性のために、国が管理するようになったとはいえ、地元の人々のこうした意識

を理解していないと、その水源地域で事業などできない。

川の権利を定めた法律と、地元で川と共に生活している人々との意識には、こうしたギャップがある。

このギャップが、小水力発電の開発のとき、現実的な障害となってくる。

民間企業では合意に時間がかかりすぎる

民間企業である外部の事業者が小水力発電に目をつけて、水源地域に入っていく。彼らは、自分たちの資金力と技術があれば開発できるという自信を持っている。しかし、実際には、なかなか調査と計画が前進せずに、たいてい数年で撤退することになる。

水源地域の人々との合意形成に失敗するからだ。

既に述べたとおり、水力発電に必要なダムも川の周辺の土地も、基本的に国や県のものだ。発電事業を立ち上げるには、それら国や県の許認可を受ける必要がある。

許可を出す国や県は、明文にされてはいないが、その事業が地元で合意形成ができているかどうかで判断していく。

地元で少しでもトラブルが起きている事業、地元の合意形成が完全にされていない事業には許可を与えにくい。

行政は、そのような事業は無意識ではあるが棚に上げて先送りしてしまう。そして担当の役人の人事移動によって、それは埃《ほこり》をかぶっていく。

このようにしてとめどもなく時間がかかっていくのである。

なぜ、合意が難しいのか。それは、都会から来た事業者たちは、水源地域の人々の気持ちを十分理解していないからだ。

水源地域の人々には、先祖代々守ってきた川に、都会の治水や水道や発電のため好き勝手にダムを造られ、川から水を奪われてきたという、拭《ぬぐ》い去れない記憶があるのだ。

その心情を理解しないまま、単なるビジネスのために発電をもくろんでも、地元の人々の理解は決して得られない。都会から来る資金力のある企業は、心の底から水源地域を愛する気持ちを持っていない。

電力開発のために水源地域の合意を得るには、長い時間をかけて人間としての信頼関係を築き、その水源地域を愛していくことが必要なのだ。

事実、かつての巨大ダムによる水力発電計画では、各電力会社は、水源地域の人々の信頼を得るために、担当者が何十年間も地元に足を運び続けた。盆と暮には一升ビンを持って、まさに一緒に酒を酌み交わしたのだ。

このように、水力発電の場合、水源地域の信頼形成のために長い時間を要する。

だが、現実の問題として、かつてのような巨大電源開発ならばともかく、小水力発電のような規模の小さなビジネスでは、民間企業はそのように長い時間もコストもかけてはいられない。

このような事情のため、小水力発電に乗り出した民間企業は、準備期間に長い月日がかかってしまい、結局、撤退するケースが多いのが現状となっている。

地元でやろうにも担保がない

都会の資金力のある企業は水源地域に愛情がないからダメというのなら、地元の有志が立ち上がれば上手くいくのではないか、と思われるかもしれない。

実際、水源地域で、地元の有志が小水力発電を志すケースは数多くある。

だが、これにも大きな壁が立ちふさがっている。

合意形成ではなく、資金調達という壁があるのだ。

都会で会社勤めをしていた人がリタイアして郷里に帰り、小水力発電を計画する。

まず調査を始めることになる。この段階で、三〇〇万円から五〇〇万円の資金が要る。それは、退職金を取り崩して何とかしたとする。次に調査結果をもとに事業計画書をまとめ、本格的に計画を進めようという段階になる。当然のように億単位のまとまった資金が必要になるわけだが、ここで、資金繰りの壁にぶつかってしまう。

地元の金融機関に融資を依頼しても、なかなか融資を得られないのだ。

「資金繰りの難しさは、小水力発電だけじゃない。太陽光や風力の場合でも同じことだ」と考えられるだろうが、そうではない。

小水力の場合、特に資金調達が困難になる理由がある。

小水力発電では、融資の際の担保がまったくないのである。

事業計画書を持って地方銀行に融資を頼みに行き、その計画の説明に担当者が興味を示してくれて、こう言う。

「で、担保は何ですか?」

ここで、はたと困る。

「何もありません」

そう答えるしかないのだ。

水力発電の場合、事業に使う川の水は公共のもので担保にならない。また、発電施設を建てる予定の土地は、どれも川に面した公のもので担保にならない。

小水力発電がいくら有望な事業であっても、その事業には担保がない。あるのは、人々の頭の中と心の中にある「夢」なのだ。夢にお金を貸してくれる金融機関は、日本にはない。

地方の金融機関には地元愛の強い人もいる。地銀の融資担当部長が小水力のことをかなり勉強して、有望だということを理解するケースもある。

しかし、その部長なり担当者が、融資を決めるための合意を銀行内部で取り付けようとすると、必ず担保のないことを不安視する意見が出る。それらを説得しているうち、その銀行担当者も疲れ果ててしまい、結局あきらめてしまうケースが多い。

もし幸運にも融資される場合でも、銀行融資は七〇％である。三〇％は自己資金を求められる。さらに、融資の七〇％についても、事業関係者の個人保証が求められてしまう。

太陽光や風力の発電の場合は、事情が異なってくる。太陽光パネルや風力発電機を設置する土地がある。その土地がまがりなりにも担保となる。土地は、個人や会社のものであり、地域との合意形成も不要である。

このように、水力発電の場合、担保がないため資金調達が困難となる。

資金力のない地元の人々がやるには、このように目に見えない大きな壁があるのだ。

川で儲けようとすると不公平感が出る

小水力発電の開発が困難で頓挫《とんざ》してしまうケースを述べてきた。

小水力発電が頓挫してしまう原因を一言で表すと、「不公平感」という言葉になる。

水源地域の川の水は、水源地域の公共的な財産である。発電する場所も、水源地域の公的空間である。

水源地域で行う小水力発電は、川の水という公共財産を使って私的なビジネスをすること自体に無理がある。

公共的財産である川の水を利用して儲けようとすると、たちまち、不公平感が浮き出てしまう。

私企業が、水力発電所を村で建てたいと村長に求めたとする。それによって地元の雇用も生まれる、村にも一定の利益を与えると提案しても、地元の感情が承知しない。

なぜ、村の水であの会社が金儲けをするのだ。村のリーダーたちが良かれと思ってその事業を受け入れようとしても、そういう不満の声が必ず上がる。

山間部における小水力発電は、どうしても不公平感が顕在化してきてしまうのだ。

これに対して、同じ再生可能エネルギーでも、太陽光発電や風力発電では、事業者が土地を購入する。その土地を通る光や風も自分のものにできるので、地域での不公平感の問題は出ない。

しかし小水力発電は、私企業や私人が主体になると、自分たちの川の水で儲けるのかという不公平感を払拭することができない。

では、水源地域での小水力はあきらめるしかないのか？

大切な小水力発電を一体、誰が行えばいいのか？

答えはある。「水源地域の地元自治体」が行えばいいのだ。

小水力は水源地域自身がやるしかない

小水力発電をやろうとする場合、資金力が豊富な外部の民間企業では、地元との合意が難しい。

地元の個人では、担保がなくて資金に困る。資金があっても不公平感が露《あら》わになっていく。

こうしたジレンマがあるため、なかなか小水力発電の開発が進まない。

近代から高度成長期にかけて、電力会社が山奥の渓谷に巨大ダムを築いて、大出力の水力発電所を運営してきた。北海道、東北、東京、中部、北陸、関西、中国、四国、そして九州と、全国の九電力会社によって、巨大水力発電の計画が国に申請されて、許可が下りた。

これは、九電力会社には、国民に電力を供給するという大義があったからだ。国のものであるはずの川で九電力会社がビジネスを許されたのは、民間とは言え、電力会社には大きな公共性があったからなのだ。

日本社会のためという公共性ゆえに、水源地域も、自分たちの村を丸ごと水没させる犠牲を忍んだのである。

このように、巨大水力発電が成り立ったのは公共性があったからだ。

小水力発電でも同じである。小水力発電にも、やはり、公共性がなければ上手くいかない。

皆のものである川を使って、不公平感のない事業にする。ならば、私人ではなく、公人が発電をすればいい。

「昔から、この川は村のものだった」

という意識があるのだから、地元市町村が小水力発電を開発すればいいのだ。

「利益はすべて水源地域のために」という原則

「利益はすべて水源地域のために」

小水力発電を大きく前進させるためには、この原則が必要となっていく。

小水力開発を、私企業や私人のビジネスだと考えるのではなく、水源地域の持続可能な発展のための公共的プロジェクトだと割り切るのだ。

小水力発電を民間企業でやるにせよ、地元の個人がやるにせよ、その電気を売り払って金儲けをするのでは不公平感がつきまとい、地元からの批判が出る。

それならば、いっそ、発想を転換してしまえばいい。

近代化の過程で、都会に電力を供給するために、水源地域の人々は犠牲を強いられてきた。

その結果、今では急速に過疎化が進み、地域社会全体が消滅の危機を迎えている。

その一方で、日本全体では、海外からのエネルギー輸入の限界が見え始めており、エネルギー供給の危機が近づいている。国産エネルギーの開発が急務となっていて、小水力発電もその一翼をになっていく。

〈水源地域の永続的活性化のための小水力発電〉

1、小水力発電の課題
（水源地域）
・都市を支えてきた　・過疎化と森林荒廃　**・水は地域の共有財産**

（事業者、銀行）
・初期調査の費用　**・担保がない**　・技術者不足、社会的与信不足

2、利益はすべて水源地域へ
・水源地域の水力発電による自己財源の確保
森林整備　環境整備　観光施設整備　新たな雇用

3、水源地域支援の体制整備（技術と制度）……第6章参照
・地方資金の活性化　・政府による信用保証制度
・支援技術団体の創設
・民間コンサル、建設会社は設計、工事で活躍

こうした状況の中で、次のように発想を転換するのだ。

「小水力発電は、今までのように水源地域を犠牲にする開発ではなく、逆に、水源地域のために開発する。小水力発電による利益は水源地域に帰属する」

水源地域が自ら行う小水力発電なのだから、小水力事業計画への合意が得られる。

地元自治体が事業主体なら社会的与信は十分なので、金融機関からの事業資金の調達も進む。

実現した小水力発電の利益は、すべて地元社会に還元する。地元自治体の独自の環境基金、地域振興基金などの財源にしていく。

小水力発電の開発により、水源地域が新

たな自己財源を得る。水源地域が発電で自己財源を持つことは、都市側からの遅ればせながらのフィードバックである。

水源地域が自己財源を持ち、地域の森林が守られていくのなら、日本社会全体にとってもプラスになる。

小水力発電の利益はすべて水源地域のために。

日本の水源地域に明るい未来を示すカギは、これなのである。

第５章への追記

本章を書き上げ校正をしている二〇一六年六月一一日、日本経済新聞の土曜日版「ＮＩＫＫＥＩプラス１」の〝何でもランキング〟が目に飛び込んできた。観光と教育に役立っている全国のダムのランキングであった。長年、観光ダムの代名詞であった黒部ダムを抑えて、本章で述べた宮ヶ瀬ダムが第一位になったのだ。この栄誉は、全国のダム水源地域のすべての人々に捧げられることとなる。

かつて松原、下筌ダムで水源地域の人々を苦しめたダム建設事業が、二一世紀になって水源地域の活性化を下支えするまでに進化した。

そして将来、次章以降に述べるように、ダムの水源地域は、水力発電によって日本のエネルギーの希望の地となっていく。そのシンボルが、この宮ヶ瀬ダムの栄誉となっていくこととなる。

第6章

どうすれば、水源地域主体の水力発電は成功できるのか

水源地域の市町村が小水力発電事業を立ち上げて、運営していくための仕組みを説明する。

事業案を作成する水力発電のプロ集団を作り、資金調達を容易にするために大企業による融資保証を行う。さらに、個々の発電施設の建設と運営のための作業チームを結成し、水源地域に欠けている能力を補完していく。

水力発電のプロたちに支えられて、村の発電所はいかに成功するか、その青写真を示す。

水源地域のための小水力発電

小水力発電には大きな可能性があるのに、現実には開発が進んでいない。

しかし、小水力発電は必ず実現できる。そのための工夫をすればよい。

水力発電は、川という公共財を利用する。だから、前の章で、「小水力発電の利益は水

〈信用保証による民間資金導入で水源地域支援の実現（案）〉

水源地域の永続的活性化のための水力発電開発促進法（仮）

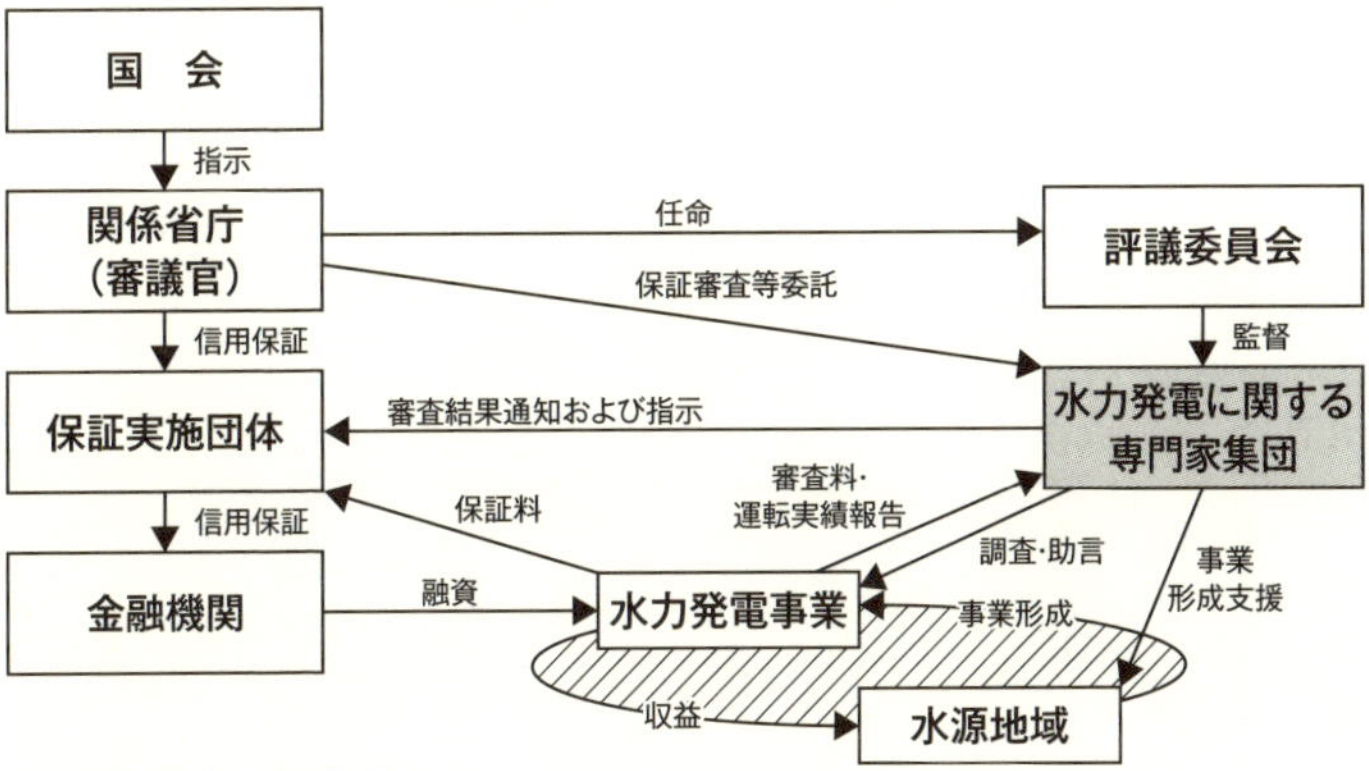

保証実施団体による保証

・発電事業者が返済不能になった場合、貸付を代位弁済し発電事業を引き取る。

・国が信用保証の総額および年度可能額を設定。

源地域に」という原則を提示した。この原則を具体的に言い換えれば、水源地域の市町村自身が、小水力発電の事業主体になるということである。

すると、「村に水力発電を計画し、開発し、運営する能力があるか」という課題が浮かび上がってくる。

しかし、それは解決可能である。

この問題を解決する仕組みが必要なのであり、国の立法府や行政がそれを作ればいいのである。

そのための一つの構想提案を述べる。「水源地域の永続的活性化のための水力発電促進法」という法律を作ることだ（一六三ページ図参照）。

この構想の趣旨は、過疎化で苦しむ水

源地域の永続的活性化を企てることである。

極端な表現をすれば、水力発電を目的にするのではない。水源地域の活性化そのものを目的にする。

かつては都市の発展のために貢献し犠牲になってきた水源地域は、今、過疎化で悩み、森林の荒廃で苦しんでいる。

日本国土の大きな面積を占める山間の水源地域を健全に維持することは、日本国土の保全そのものである。しかし現在、日本国の行財政を考慮すれば、この水源地域に税金を投入する状況にない。

水源地域が自ら、持続可能で健全な地域を目指していく以外にない。水源地域が自立した地域を目指すには、武器と手段がなければならない。

水源地域の武器とはなにか?

それははっきりしている、「森林と水」である。

現在、森林は荒廃の危機に直面している。当面、この局面を打破するには「水」が武器となる。

武器が「水」なら、その手段とはなにか?

後述するが、現在「電力の固定買取制度」があり、小水力発電の開発の機会に恵まれている。水源地域が自ら、独自財源を獲得していくチャンスなのだ。この機会を利用して自主的な独自財源を確保するために、小水力発電を行っていく。

つまり、水源地域にとっての武器は「水」、手段は「小水力発電事業」なのだ。

これは水源地域の自治体が自ら行う小水力開発のための構想である。

この構想を実現するためには、ある仕組みが必要となる。その仕組みのポイントは、次の三つの構造である。

① 水力の専門家集団による技術支援体制
② 水源地域が行う事業の保証体制
③ 安定したＳＰＣ（スペシャル・パーパス・カンパニー：特定目的会社）体制

水力の専門家集団による支援体制

小水力発電の知識がない水源地域の自治体が事業を行うには、水力発電に関する専門家集団の支援が必要となる。

この専門家集団のメンバーとなるのは、電力会社、行政、コンサルタントなどの水力発電の経験者であり、実際には六五歳以上のＯＢで構成されることになる。

無から水力発電所の構想を立て、その事業の有効性の目利きができるのは、水力を経験した技術者たちとなる。水力を経験した技術者はどうしても高齢者となる。電力会社のみではない。ゼネコンや河川行政で水力発電に関わった経験の豊富な人材は、やはり六五歳以上である。

つまり、時代の移り変わりの中で失われつつある貴重な水力発電のノウハウを、この組織を通じて次世代社会へつなげていくことにもなる。

こうした水力発電の専門家集団が事業計画をチェックし、助言をして、その事業が成立するか否かを判定していく。

水源地域が行う事業の保証の体制

次に、前項の水力の専門家集団が評価した事業計画について融資を受ける際、金融機関に対して保証を与える団体が必要となる。

小水力発電という、担保のない夢のような特別な分野のための融資を、地方銀行内部で技術検討し判断するのは難しい。

そのため、水力の専門家集団が実現可能と評価した事業については、一〇〇%の融資を可能にするために、その融資の保証をする団体が必要となる。

もし、ある事業が失敗してもこの組織が保証をしてくれるので、地銀は融資を実行しやすい。

この保証実施団体は、各地方の電力会社でいい。電力会社でなくても、JRやガス会社や通信各社など、その水源地域のために役に立ち、未来に向かって共に生きていこうという思いのある企業ならどこでもよい。

水力の専門家集団が大丈夫だと評価した事業は成功率が高い。しかし、万が一、失敗したときには、これらの保証団体企業が事業を引き継げばいい。

さらに、保証実施団体に手を挙げやすい状況を作っておくのが望ましい。保証実施団体の企業がすべてのリスクをとるのではなく、政府も保証することによってリスクを分散すれば、各企業は安心し、保証実施団体は実現されていく。

水力の専門家集団による実現性の高い事業計画の判定、水源地域を愛する地元企業を中心とする保証実施団体、その上の政府保証という体制を構築する。

これだけの用意をすれば、地銀も中小水力発電に直ちに融資が可能となる。

安定したSPC（スペシャル・パーパス・カンパニー：特定目的会社）の体制

もう一つ重要なのが、事業の運営だ。

そのために、SPC（スペシャル・パーパス・カンパニー：特定目的会社）という、市町村の水力発電所を運営するための体制が必要となってくる。

これは、堅実な金庫番の役目が果たせれば十分である。

その下に、土木コンサルタントや水力発電施設のエンジニア会社、地元建設会社などの技能集団が業務を請け負うという形で業務を進めていく。

SPCは財務管理を取り仕切り、設計はコンサルタントへ、建設は地元建設業者へ、発電機の発注はメーカーへ、発電の運営は地元団体へ任せていく。

SPCは、発電所建設に必要な各種申請なども行う。もちろん、その業務も専門コンサルタントの力を借りて行う。

各村の発電所ごとにSPCと下請けの技能集団が付くわけだが、それらの準備にも、水力開発の専門家集団が協力していくこととなる。

①　水力開発の専門家集団が事業計画を支援し立案し、その事業の判定を行っていく。
②　保証実施団体が後ろ盾となり、事業資金を地方の金融機関から調達する。
③　ＳＰＣが事業を運営していく。

この三つの構造によって、日本全国の水源地域に、市町村営の小さな発電所が次々に出現していく。

この仕組みでは、地元自治体に財政的な負担や人的負担をかけない。自治体の役割は、ＳＰＣの運営が円滑になるよう支援していくこととなる。

小水力発電の収支

小水力発電の収支はどうなるのか。

いくつかのモデルケースで、説明していこう。

まず、一つ目のケースは、砂防ダムに発電施設を後付けするやり方で、五〇〇ｋＷ規模の水力発電を行うとする。

初期投資として、発電施設を設ける工事費などに費用がかかる。

実際の工事費は、川の様子、ダムの形や状況などによって変わってくるわけだが、平均的なところでおおよそ七億円と仮定する。

その七億円を金融機関からの融資で調達したとする。

この場合の収入は、発電した電力を電力会社に売ることで得られる。五〇〇ｋＷの発電規模だと、年間の売電収入が大体七三〇〇万円くらいになる。

七三〇〇万円のうち、六〇〇〇万円を返済に回すと、一三〇〇万円が残る。

そこから、発電施設の維持費として人件費等で年に六〇〇万円ほど引くと、残りは七〇〇万円になる。

これは初期費用を返済している期間の利益だ。融資条件にもよるが、一五年から一八年で償却できる。

債務がなくなった後は、六〇〇〇万円の返済は必要なくなる。発電所は、機械の維持修繕や機械の更新を行っていけば一〇〇年はもつ。

収支についてまとめると、こうなる。

最初の一五～一八年は年に七〇〇万円の利益。

その後は、売電価格にもよるが、売電すべてが収益となり、維持管理費を引いた額が純益となっていく。

〈小水力発電の例——金山沢川水力発電所（南アルプス市）〉

有効落差42m、最大使用水量0.32㎥/s、最大出力100kW、2010年２月運転開始

砂防ダム（右）と発電施設（左）

川上から見た砂防ダムと導水管（右）

川下から見た導水管（左）

発電施設内部の発電機

写真提供：全国小水力利用推進協議会　中島大

〈小水力発電のキャッシュフローの例（約200kW規模）〉

（キャッシュアウトがマイナス、インがプラス）　千円

資本CF	CAPEX	out	土木工事費	-120,000	取水堰・水路等
			電気工事費	-160,000	水車発電機・系統連系工事等
			建築工事費	-12,000	発電所建屋工事
			その他諸費用	-8,000	建設中金利、電力負担金等
			CAPEX合計	-300,000	
		in	資本金	60,000	
			借入金	240,000	

営業CF	資本費	out	元利均等返済額	-16,700	借入利率　2.50% 借入期間　18年
	OPEX	out	人件費	-4,800	
			その他管理費	-1,800	
			固定資産税	-2,000	FIT（固定価格買取制度）期間中平均
	売上	in	売電収入	34,000	FIT34円/kWh×1百万kWh
	準備金		修繕費準備積立金	-500	
	税引き前フリーCF			8,200	法人税・配当支払前

提供：全国小水力利用推進協議会 中島大

つまり、初期費用を全額借りたとしても、七〇〇万円の利益を出しつつ無理なく返済できる。

そして、返済終了後は、半永久的と言ってよいほど長期にわたり利益を生み出す。

二つ目のケースとして、実際のもう少し小規模な発電施設の場合の資金収支について表にしてみた（一七二ページ表参照）。

このケース（約二〇〇kW規模）では、借入金の返済に一八年かかり、その間は発電施設一基当たり八二〇万円が残り、返済後の一九、二〇年目は二四九〇万円が残る計算となる（ただし固定価格買取制度の買取期間が終わった二一年目以降

はこれより下がる)。

なお、どちらのケースでも、発電所の機械に寿命はあり、機械の更新は必要だが、ダムは事実上、寿命がなく、半永久的に使える。

だから、発電施設の寿命に備えて利益をプールしておけば、次回からは融資を受けずに済むので、さらに有利に運営できる。

このように、村の発電所からの利益は、村にとっての独自財源になる。

つまり、小水力発電は、将来のエネルギー枯渇に備えるだけでなく、地方の自立にもつながっている。

特に人口が数千人規模の山村にとって、この財源は大きい。

しかも、大抵の場合、砂防ダムは同じエリアに複数存在する。

もし、同じ村に砂防ダムが五つあれば、そのすべてで小水力発電が可能となるので、収支の数字は五倍になる。

この財源があれば、過疎の村にも若者が戻ってくる。

村の森林の環境保護、過疎対策、観光誘致や企業誘致など、未来につながるような有効な事業に自らの判断で使うことができる。

小水力の買い取り価格は優遇されている

小水力発電は、再生可能エネルギーの一つだから、電力の固定買取制度の対象になっている。

電力を売るときの価格が決まっているので、事業の収支計画を立てやすい。

売電に関して言えば、同じ再生可能エネルギーの中でも小水力発電は有利である。太陽光や風力による発電の場合、買い取り価格が少し下げられると事業の収支が危うくなるケースがあるが、小水力ではその心配が少ない。経産省は、小水力発電について、買い取り価格を比較的優遇している。

それというのも、再生可能エネルギーの中でも水力発電はメリットが多いからだ。太陽光や風力は、気象条件によって発電量が大きく変動する。電力需要の高い季節や時間に関係なく、気候で発電量が決まってしまう。

太陽光の場合、太陽が照りつけていて大量の電力が発生しても、電力需要の小さい時間帯や季節だった場合、買い取った電力が無駄になる。

同様に、深夜の時間帯に強い風が吹き、風力発電が大量の電力を生んでも、この時間帯

【小水力発電導入についてのご相談、お問い合わせ先】

全国小水力利用推進協議会ホームページ

http://j-water.org/

には電力需要が小さいから、やはり買い取った電力は無駄になる。

このように、太陽光や風力の場合、発電量が不安定でしかも需要とは無関係なので、電力会社にはメリットが小さい。

それに対して、水力の場合は、日変動や時間変動が少なく、発電量が非常に安定している。

つまり、小水力は太陽光や風力よりも使い勝手のよい電力で、電力会社は、小水力発電を歓迎しているので、比較的買い取り価格の優遇を受けているのだ。

議員立法で

この仕組みには、内閣府、経済産業省、国土交通省、農林水産省、総務省、環境省など、数多くの行政が関係してくる。

だから、誰かが省庁間の調整を行う必要があるのだが、残念ながら、省庁には縄張り意識があり、自分たちの領分に他者が口出しすることを嫌う。

この仕組みを実現するため複数の省庁を調整できるのは、立法府の政治家しか考えられない。

水源地域の過疎化と森林崩壊の窮状を救い、未来に向かって自立して歩んでいける水源地域のために、今これらの仕組みを構築していくことが必要である。

各省庁の行政を指導する議員立法による水源地域のための支援体制が強く望まれる。

本書をお読みになった方々にも、ぜひこの構想を社会に広め、立法府の議員たちを下支えする力になっていただきたいと考えている。

理念の明確さと情報開示

この構想について、特に注意すべき点を再確認しておく必要がある。

まず、理念の再確認である。

小水力発電は、川という公共財から利益を引き出す事業だから、公共財の利益は公共に還《かえ》すという原則が必要である。

特に保証実施団体が重要となるが、この団体は事業の保証をしていくものであり、この団体自体が事業のエンジンになるのではない。

もし、村の発電事業が失敗したときは、保証実施団体が事業を引き継ぐわけだが、このときの姿勢は、一般のビジネスと同じ感覚ではなく、水源地域への還元という理念を引き継いでもらう。

もちろん、その保証実施団体からの一方的なボランティアは期待しない。事業実施での計画・設計・施工および運転においては、適正な利潤を含めた報酬を受け取ってもらう。

そのように事業に関係した経費と税金を差し引いた残りを、水源地域の公共の利益として、地元に還元するということである。

これが「中小水力発電の利益はすべて水源地域に」の理念となる。

次に重要なのは、この構造のカギとなる、水力開発の専門家集団の支援センターが、人選から資金のことまですべての情報を開示することである。

そのために、本支援センターの設立には、税金を投入した会社が望ましい。

税金が入れば、資本が民間から入りやすくなり、組織運営についても官と民の双方からチェックされることになる。

組織の運営は特に重要である。

組織の運営をガラス張りにして、省庁の天下り先ではなく、官と民の水力発電のプロ集団だということを、誰でも確かめられることが必要である。

メンバーは、行政ＯＢ、電力会社ＯＢ、建設会社ＯＢ、電力コンサルタントのＯＢ、小水力開発の経験豊富な民間人、小水力発電のエキスパートなどで構成されることになるだろう。

ＯＢ人材の有効利用とノウハウ継承

全国に中小水力発電が開発可能な場所は、少なくとも数千か所あると見られている。そのすべてについて事業を立ち上げるとなると、かなり大量の人材が必要になる。

例えば、ある山村で小水力発電所を立ち上げるとする。

まず、コンサルタントが、三人ほどで半年くらい集中して作業をする。続いて、施設の建設では、一〇人くらいの技術者が担当して八か月ほど工事をする。さらに、発電機を四、五人で三か月ほどかけて設置する。

これらの人員は、一つの発電所に常時必要なわけではない。立ち上がるまでの工程の間、専門家が必要な仕事をこなしていく。

仮に、五〇〇〇の発電施設を一〇年で設けるとすると、年に五〇〇か所の割合になる。

一か所の事業を立ち上げるのに、五人の人材が平均で一年間従事する必要があるとすると、全体で必要な人数は二五〇〇人となる。

日本に二五〇〇人も水力発電のプロがいるのかという疑問については、心配する必要はない。

水力発電に関するOB人材は豊富で、北海道から九州まで全国各地に適任者はいる。第四章で述べたように、日本は近代化での人口増を経て、〝幸運な三億人〟の人材を得てきた。その一角に、水力発電の専門家OBたちも存在している。

高度経済成長の時代、電力の中心は水力だった。その水力発電のノウハウを持ったOBたちが貴重な能力や経験を発揮する場となる。

小水力を開発することによって、そうした貴重な水力発電分野の人材を再び活用し、そのOBたちが若い技術者たちに貴重なノウハウを伝達していく場にもなっていく。

水力発電開発にスポットが再び当たったとき、水力発電開発のノウハウが失われていたら、せっかく恵まれた日本の水資源が無駄になってしまう。

現在、水力発電に経験のある技術者は健在である。そのノウハウを次世代に伝える重要な最後の機会の時期となっている。

終章

未来のエネルギーと水力発電

水力発電がこれからの時代に持つ意義を説明する。近代の発展を成り立たせるため生じた水源地域の犠牲を、ポスト近代である二一世紀以降で取り返していく。そのカギとなるのが「公共の利益」である。

また、小水力発電が、二一世紀の日本のエネルギー事情から見て有望であることを、燃料電池とのマッチングのよさという観点で述べていく。

目標は拡大ではなく持続可能

近代は膨張の時代であった。

人口が膨張し、日本社会には何もかも足りなかった。住宅が足りなかった。水道も下水道も足りなかった。

整備が進んでいなかった道路は渋滞して、雨が少しでも降れば都市は水びたしになった。

だが、今や時代が変わり、日本社会の膨張の時代は終わった。

社会の指標で、最も分かりやすいのが人口である。人口は有史以来増加し続け、明治の近代化で一気に爆発的に増加した。

そして現在、その増え続けていた人口は減少を始めた。

現在の一億二〇〇〇万人から、二二世紀には八〇〇〇万人になると言われている。

これは危機なのだろうか？

決してそんなことはない。人口膨張が良かったのは、近代日本の一時期でしかなかった。これからの時代が求めている社会は膨張ではなく、持続可能な社会である。

二一世紀の今、世界中で、過去の急激な近代化の歪《ゆが》みを認識し、この近代化の歪みを修正しようと模索し始めている。

日本社会では、水力発電こそ、近代化を推し進めてきたエンジンであった。不足する電力の早急な供給に追われ、巨大ダムを建設して対応してきた。

その過程で水源地域は、都市発展と経済成長のために耐え、自然環境も大きく変容させられてきた。

日本の水力発電の分野こそ、世界の先頭に立って近代化の歪みを認識し、その修正を模索していくことが求められている。

過去の膨張モデルの水力発電ではなく、一〇〇年後、二〇〇年後を見据えた持続可能な水力発電モデルが必要となってきた。

さらに、近代化の過程で水源地域に犠牲を強いてきた水力発電モデルではなく、水源地域の持続可能な活性化のための水力発電モデルが必要となってきた。

ここまで述べてきたように、一〇〇年、二〇〇年先を見据えた持続可能な水力発電モデルは、

- 発電に注目した既存ダムの運用の変更
- 既存ダムの嵩上《かさあ》げによる電力増強
- 発電していないダムに発電させる
- 逆調整池ダム建設によるピーク需要への対応

となる。

また、水源地域の持続可能な活性化の発電モデルは「小水力発電」にある。

水源地域が主体となった小水力発電事業のためには、

- 水源地域事業を支援する水力発電専門技術者集団の支援センターの設立

- 水源地域事業を支える地方銀行と事業保証システム
- 水源地域が小水力発電の利益を一身に受けるための社会的合意

が必要となる。

この構想実現は、立法府の国会、行政府の各省庁の協力体制なくしてはできない。

日本社会の持続可能な未来を目指し、多くの人々の理解を得て、この実現に向けて、私たちダムと発電の技術者ＯＢは、残された人生の時間で努力していくこととなる。

エネルギーの変遷

第四章でも述べたように、人類文明のエネルギー源は、木材から石炭そして石油へと変化していった。

人類にとって数十万年間のエネルギーは木材であり、木材エネルギーを使って文明を生み出していった。

一九世紀、木材が石炭にとって代わられるときが、産業革命の端緒となった。

カロリーが高い石炭の燃焼で、水蒸気による蒸気機関が発明された。この蒸気機関が工場に持ち込まれると、生産の機械化が行われ産業革命が起こっていった。

同じ一九世紀、電気が実用化に近づくと、石炭による水蒸気は火力発電を生み出した。また、大昔からの水車の応用により、水力発電も生まれた。

一九世紀後半になると、米国とソ連で石油の採掘が始まった。持ち運びに便利な石油は、内燃エンジンの自動車を生み出し、世界中に広がった。

二〇世紀後半になると、持ち運びに便利な石油と内燃エンジンは、ジェット機も生み出し、地球上の人類の大移動革命を起こした。

近代文明は、石炭と石油そして電気によって急速に成長していった。

しかし、それと同時に地球環境の悪化と気候変動が顕在化してきた。

二一世紀に入ると、人類のキーワードは「持続可能な発展」となった。

文明を生み、発展を支えてきたのはエネルギーであった。そのエネルギー分野でも、持続可能なエネルギーとは何かという問題に取り組まざるを得なくなった。

一〇〇年後、二〇〇年後の持続可能なエネルギーはなにか?

一〇〇年後、二〇〇年後、石油は燃料として期待できない。石炭も高騰していると予測できる。原子力は私たちの身の丈を超えている。

私たちの身の丈に合った残されたエネルギーといえば、再生可能エネルギーとなる。

再生可能エネルギーは、太陽光、風力、地熱そして水力であるが、その中で最も可能性があり、確実なエネルギーが「水」である。

水のエネルギーといっても水力発電のみを意味しない。

水は「水素」を生んでくれる。

水力は発電できるが、水力の弱点は持ち運びできないことだ。ところが水から生まれる水素は、持ち運びができる。

近代文明の代表である内燃エンジンの自動車メーカーのトヨタやホンダが、本気になって水素開発に向かっている。水素を貯蔵するのが燃料電池である。水素を燃やす（つまり酸化させる）と二酸化炭素は発生しない、全く無公害の水になるだけだ。

その水素をいかにしてつくるのか。いかに水素を貯蔵するのか。それが、二一世紀の技術開発競争の最前線となっている。様々な水素製造技術が開発され、その成果を競っている。

水素製造の最も原始的な方法は、水からつくることだ。水を電気分解すれば、水素と酸素になる。

実は、その水の電気分解は、水素製造の究極の手法でもある。

なぜ、究極かと言えば、水は日本のどこにも存在しているからだ。ありとあらゆる場所に存在する水が、エネルギーになる。それが究極のエネルギーという意味である。

そして、水から水素を得るには、水を電気分解するための電気が必要となる。

その電気は、日本のどこにも存在している。水の流れがあるところでは、水力発電が可能である。日本で水の流れがない地域はない。

日本のありとあらゆる場所に水があり、ありとあらゆる場所に水の流れの水力がある。

日本列島は水力エネルギー、そして水素エネルギーに満たされた列島なのだ。

集中から分散へ

過去の近代化においては、効率性が最優先された。

効率性は、人の効率性、時間の効率性、場所の効率性で構成される。

人の効率性は、マニュアルの画一性で成し遂げた。

時間の効率性は、エネルギーを使ったスピードで成し遂げた。

場所の効率性は、都市に集中することで成し遂げた。

〈未来は分散型ネットワークエネルギーシステム〉

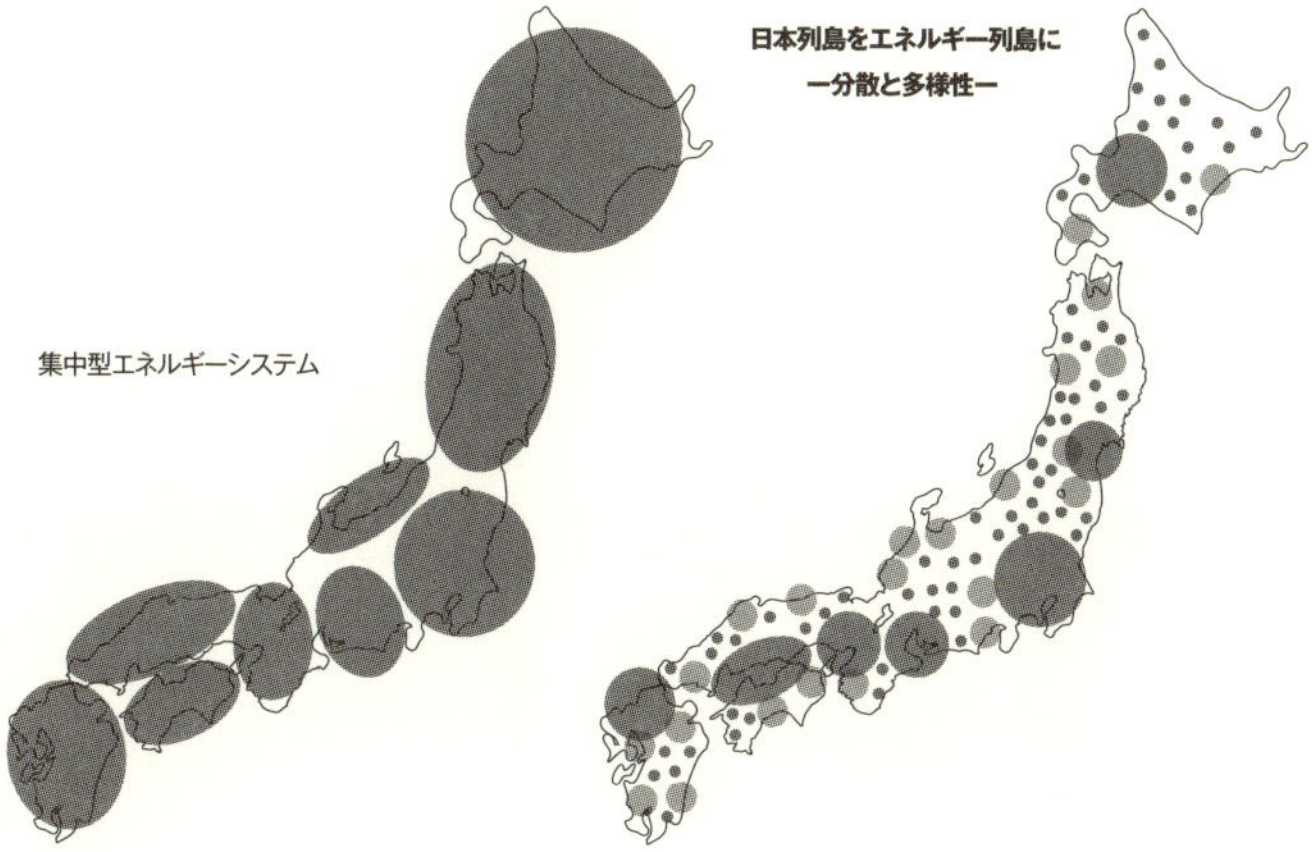

過去のエネルギー分野での効率性も、画一性と、スピードと、場所の集中で成し遂げられた。

一〇〇年後、二〇〇年後、水のエネルギーは、近代化を成し遂げたエネルギーと反対になっていく。

全国各地に流れる川の水は、画一性を持たない。川のスピードは地形に依存している。全国各地の水を、一か所に集中させることもできない。

この水力発電で最も重要な点が「分散性」なのだ。

日本全国のどの場所にも、水がある。日本全国のどこの水源地域でも、水の力で電気を作れる。

つまり、水素の製造と貯蔵技術が進展す

れば、日本全国の水源地域でエネルギーが手に入ることになる。

水という原材料は、一切輸入することはない。

すべて、日本国産の原料と技術による、持続可能なエネルギーが手に入るのだ。

都市が水源地域に手を差し伸べるとき

日本の近代化では、都市は水源地域に犠牲を強いて、エネルギーを送ってもらい発展してきた。

ポスト近代の未来の日本では、その水源地域が、再び日本のエネルギー基地となっていく。

しかし、二一世紀の今、水源地域は過疎化で悩み、森林の荒廃で苦しんでいる。

近代からポスト近代に移行するこの端境《はざかい》期の今、安全で、快適で、資金力がある都市は、小水力発電事業で水源地域に手を差し伸べるべきであろう。

近代化の中で巨大ダムを造ってきた私たちダム技術者たちの心からの願いである。

【著者紹介】
竹村公太郎（たけむら　こうたろう）
1945年生まれ。1970年、東北大学工学部土木工学科修士課程修了。同年、建設省入省。以来、主にダム・河川事業を担当し、近畿地方建設局長、河川局長などを歴任。2002年、国土交通省退官後、リバーフロント研究所代表理事を経て、現在は日本水フォーラム事務局長。
著書にベストセラーとなった『日本史の謎は「地形」で解ける』（PHP文庫）シリーズなどがあるほか、養老孟司氏との共著に『本質を見抜く力――環境・食料・エネルギー』（PHP新書）がある。

水力発電が日本を救う
今あるダムで年間2兆円超の電力を増やせる

2016年 9月 1日　第1刷発行
2016年11月11日　第2刷発行

著　者――竹村公太郎
発行者――山縣裕一郎
発行所――東洋経済新報社
〒103-8345　東京都中央区日本橋本石町1-2-1
電話＝東洋経済コールセンター　03(5605)7021
http://toyokeizai.net/

装　丁…………………………泉沢光雄
カバー写真（宮ヶ瀬ダム）……東阪航空サービス／アフロ
編集協力………………………中島　大
DTP・本文レイアウト…………タクトシステム
印刷・製本……………………丸井工文社

ISBN 978-4-492-76228-8